JN288009

ビギナーのためのアクアリウムブック

熱帯魚

The Aquarium Book For Beginners

九門季里 著　水越秀宏 写真

誠文堂新光社

熱帯魚飼育を
スタートする前に①

Before starting tropical fish breeding

きっかけは人それぞれ。
熱帯魚との出会いを
形に変えよう！

熱帯魚との出会いは、さまざまな場所にあふれています。観賞魚ショップや水族館に行けばもちろん、最近はレストランなどでも飾られているのを見かける機会が増えてきました。昨日まで興味がなくても、一目見たその瞬間に虜になってしまうような、そんな魅力あふれる熱帯魚。それぞれの出会った瞬間の気持ちを形に変えてみませんか？ 皆さんが熱帯魚を身近に感じ、きっちりと飼えるようにこの本がナビゲートします。

CASE 001
水族館のように、家で熱帯魚に囲まれて過ごしたい。

CASE 002
ショップで見ていたら、すごくきれいでかわいい熱帯魚を見つけた。

INTRODUCTION 熱帯魚飼育をスタートする前に

CASE 003
学校でみんなで飼っていた熱帯魚が卵を産んで増えた。

CASE 004
熱帯魚を飼っている友達から譲ってもらった。

CASE 005
部屋にインテリアとして、熱帯魚の水槽を飾ってみたい。

CASE 006
昔、金魚を飼っていたけれど、次は熱帯魚を飼ってみたい。

熱帯魚飼育をスタートする前に②

Before starting tropical fish breeding

熱帯魚を飼育するのに必要なものは？

熱帯魚を飼うためには、右のイラストのように様々な設備が必要になります。次に紹介するものは、熱帯魚飼育に必要とされているグッズです。是非この本を持って、観賞魚ショップに行ってみてください。色々話を聞いて、それぞれの器具の役割が分かった上で管理していけば、素晴らしいアクアリストになれると思いますよ。

❶ 水槽
まず何といっても必要なのが、水槽です。ひとことで水槽といっても形や大きさ、材質もガラスやアクリルなど様々です。飼いたい熱帯魚とその数、そしてあなたのお家の環境に適したものを選びましょう。　　　　（水槽 ☞ P67）

❷ ろ過フィルター（ろ過装置）
水槽の水をよい状態に保つために必要なのが、ろ過フィルターです。水をかき混ぜて水中に酸素を溶かす役目もあります。水槽の大きさに合わせることが必要なので水槽と同時に入手することをおすすめします。（ろ過フィルター ☞ P68）

❸ ろ過材
ろ過フィルターの中に入れるものです。ただフンなどを除去するだけではなく、知らないうちに増えていく、目に見えない有害物質を除去してくれるバクテリアの棲家となります。
　　　　　　　　　　　　　　　（ろ過材 ☞ P68）

❹ ヒーター＆サーモスタット
熱帯魚は、暖かい水温を好みます。季節や冷暖房による室温の変化にかかわらず、常に熱帯魚に適した水温を保つために必要なものです。
　　　　（ヒーター＆サーモスタット ☞ P69）

❺ 水温計
ヒーターのはたらきを確かめるために必要なものです。人間にはどうってことないわずかな温度変化でも熱帯魚にとっては強いストレスを与えてしまうので、毎日チェックしましょう。
　　　　　　　　　　　　　　　（水温計 ☞ P69）

❻ 底砂
底砂にもバクテリアが住み着くので、水質を安定させる効果があります。さらに、素材や色

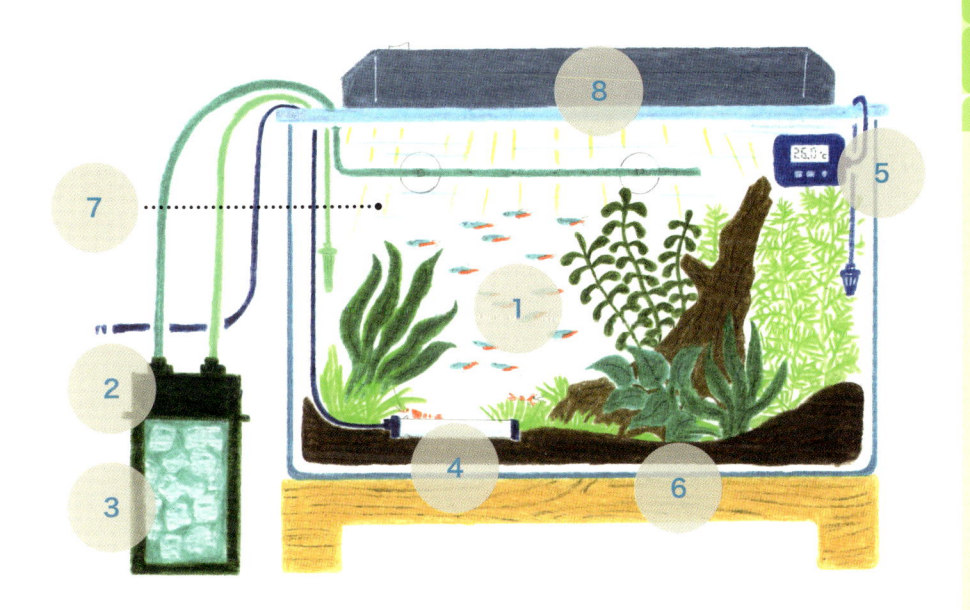

INTRODUCTION　熱帯魚飼育をスタートする前に

をうまく選んで使うと、熱帯魚を落ち着かせたり体色をきれいに見せる効果があります。
（底砂 ☞ P69）

❼ 中和剤
水槽に入れる水は、中和した水道水を使います。水道水の中には塩素など熱帯魚にとって有害な物質が含まれています。必ず、中和剤を適量入れてから水槽に入れるようにしてください。
（中和剤 ☞ P70）

❽ 照明
室内にいる熱帯魚たちにとっての太陽となります。その光の色や強さは熱帯魚や水草などの種類に合わせます。
（照明 ☞ P70）

この他にも、熱帯魚の水槽をよりよくするグッズは沢山あります。背景として水槽の後ろに貼るバックスクリーン、水草の合間のアクセントになる流木や石、さらに水槽を載せる台や掃除器具、あと忘れてはならない熱帯魚のエサ。必要なものからあると便利なものまで、ショップの人に聞いて揃えてみましょう。
（便利アイテム ☞ P72-73、エサ ☞ P74-75）

AQUARIUM BOOK　Tropical Fish

熱帯魚飼育を
スタートする前に③

Before starting tropical fish breeding

水槽の置き場所はどこにする?

熱帯魚を飼うと決めたら、次は水槽の置き場所です。いつも見れるのはどこかな? きれいに見えるのはどこかな? とイメージは膨らみます。ですが、実際、水槽はどこに置いてもいいものなのでしょうか。大量の水が入った水槽、近くにテレビなど電化製品はありませんか? 台は頑丈ですか? 日当たりはよすぎませんか? さまざまなことを考えながら熱帯魚にも心地いい場所を見つけましょう。

1 家族団らんのリビングルームに!

家族で長い時間を過ごすリビングルームに熱帯魚がいれば、共通の会話も増えます。

ここに注意! テレビやパソコンの隣など、電化製品の近くは危険なので避けましょう。

2 よく友人を呼ぶ、ダイニングルームに!

食事をしながら熱帯魚を眺めるのは、南国気分が味わえてよいものです。水槽を見た友人が感動して、アクアリストになるかも?

ここに注意! にぎやか過ぎると熱帯魚もストレスをためてしまうので注意しましょう。

AQUARIUM BOOK　6　Tropical Fish

INTRODUCTION　熱帯魚飼育をスタートする前に

③ 毎日心を和ませるように自分の部屋に！

毎日出かける時や寝る前、疲れを癒してくれる存在になってくれることでしょう。

ここに注意！ 夏場の日中などに大きく温度変化してしまうような部屋は避けてください。

④ 勉強の息抜きに机の上に！

美しい熱帯魚を眺めることで、勉強で疲れた頭をリフレッシュできるかもしれません。

ここに注意！ 水槽の重さに耐えられる安定した台の上に乗せましょう。

⑤ 大水槽を置いて熱帯魚ルームを作る！

ビギナーからは厳しいですが、目指すところが大きいのはよいことだと思います。ショップの方に協力してもらって、熱帯魚水槽専用の部屋を作るのもありかもしれませんね。

どんなふうに熱帯魚を飼いたいかイメージできましたか？

GO!
では、いよいよ熱帯魚飼育のスタートです！

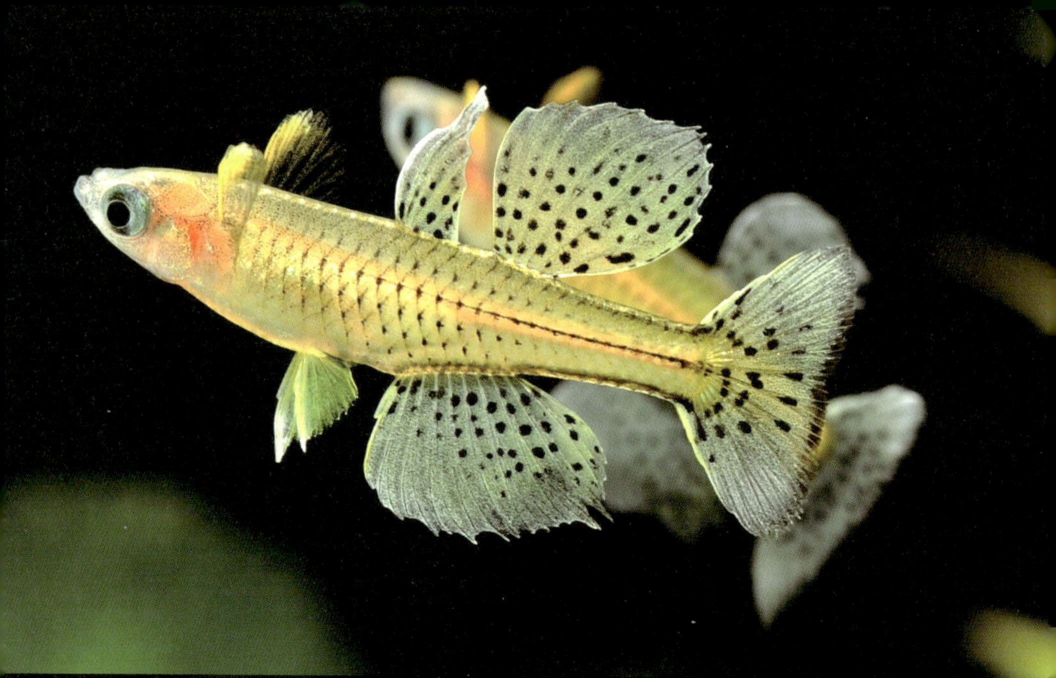

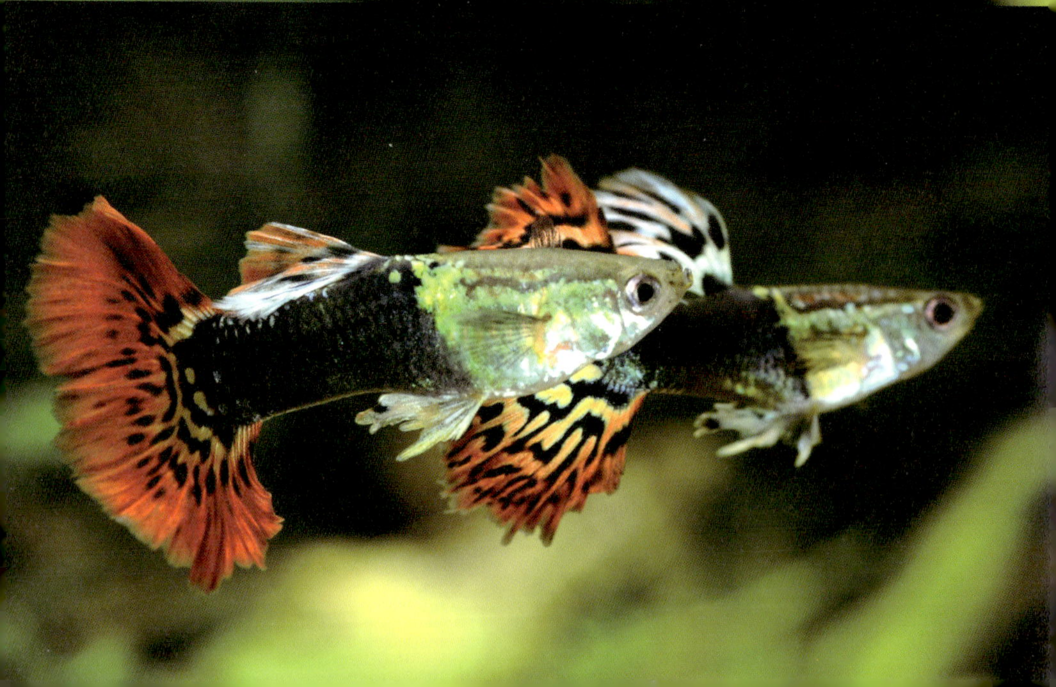

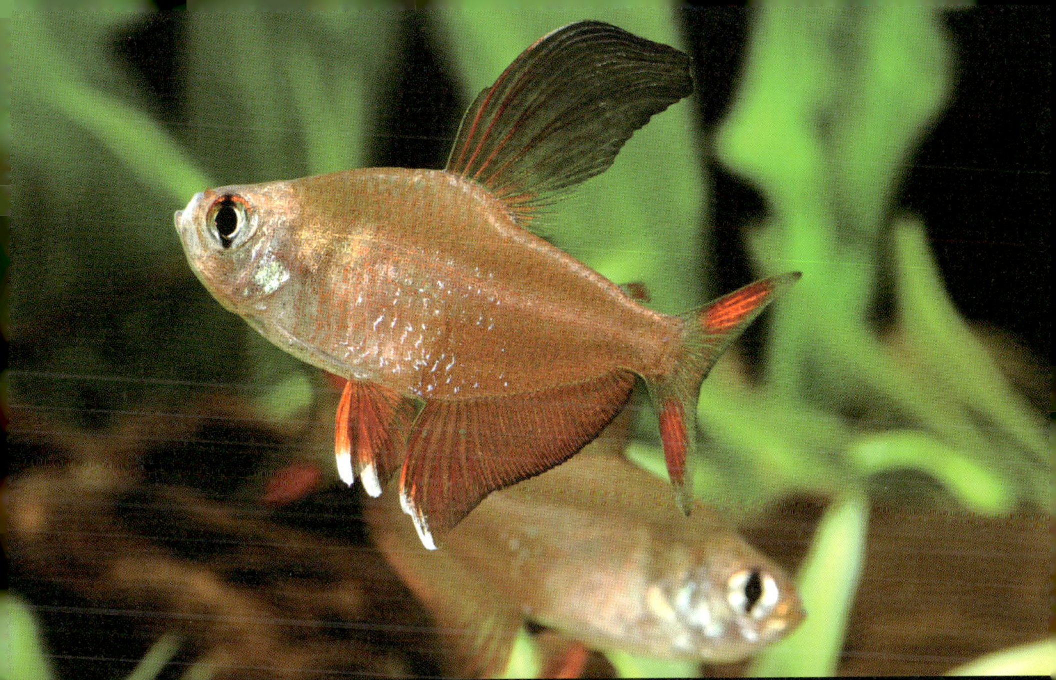
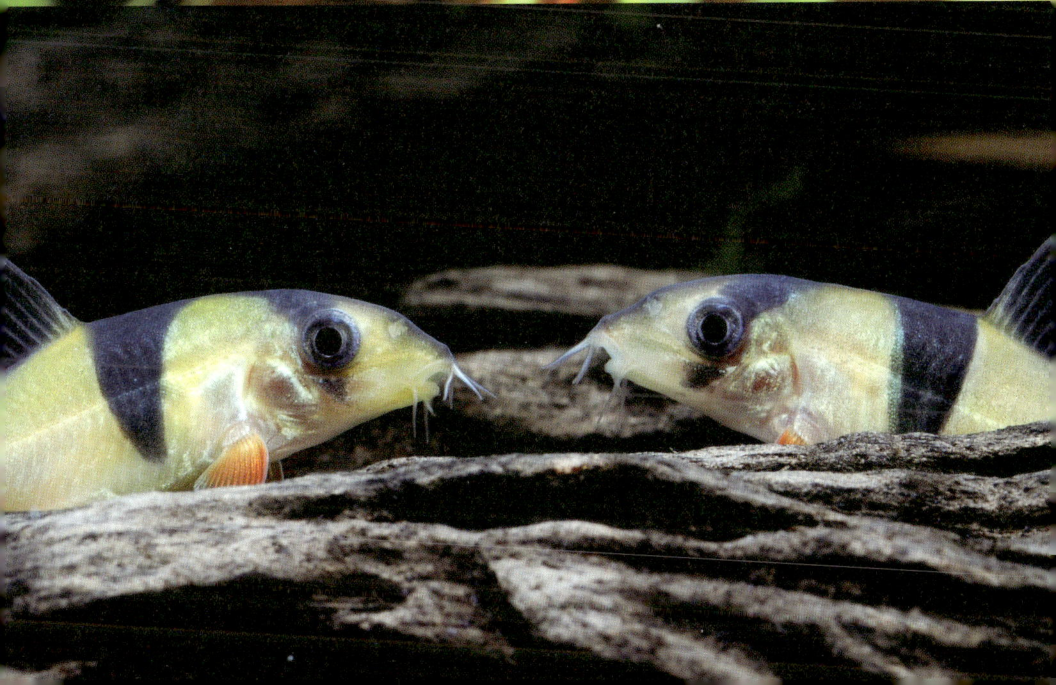

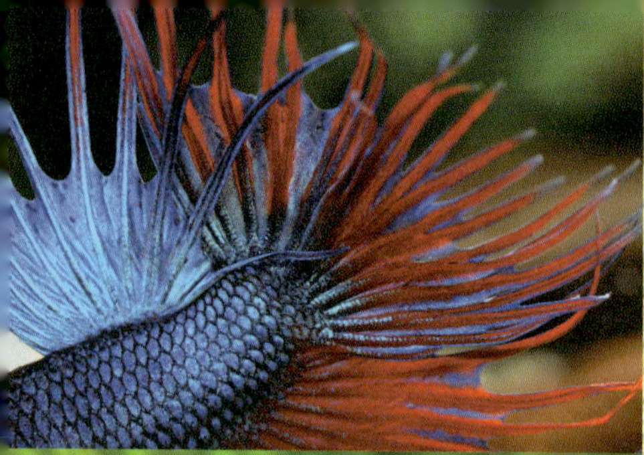
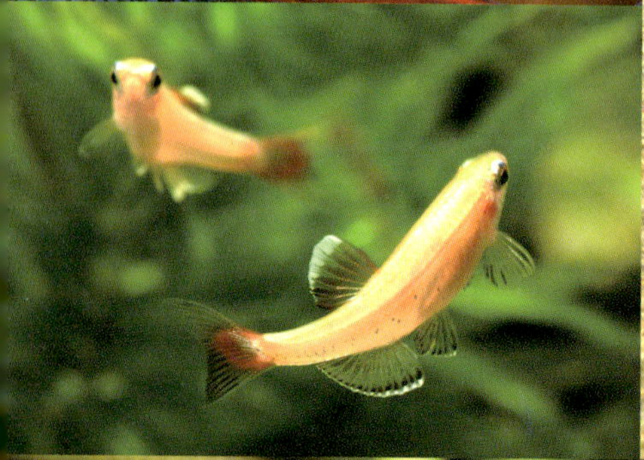
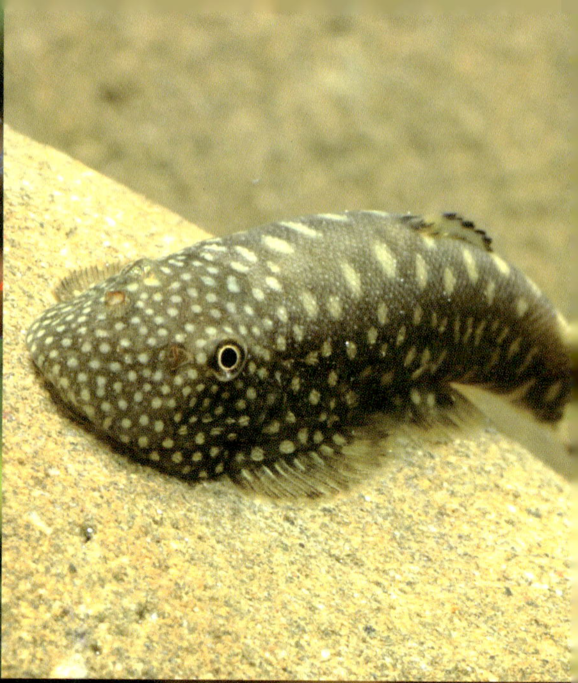
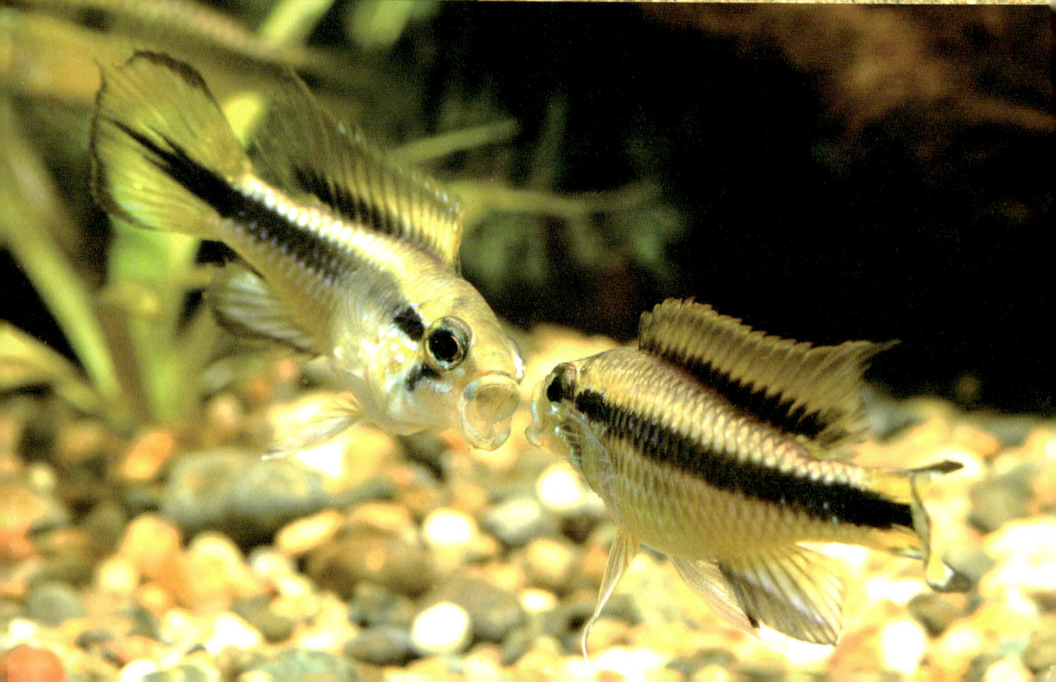

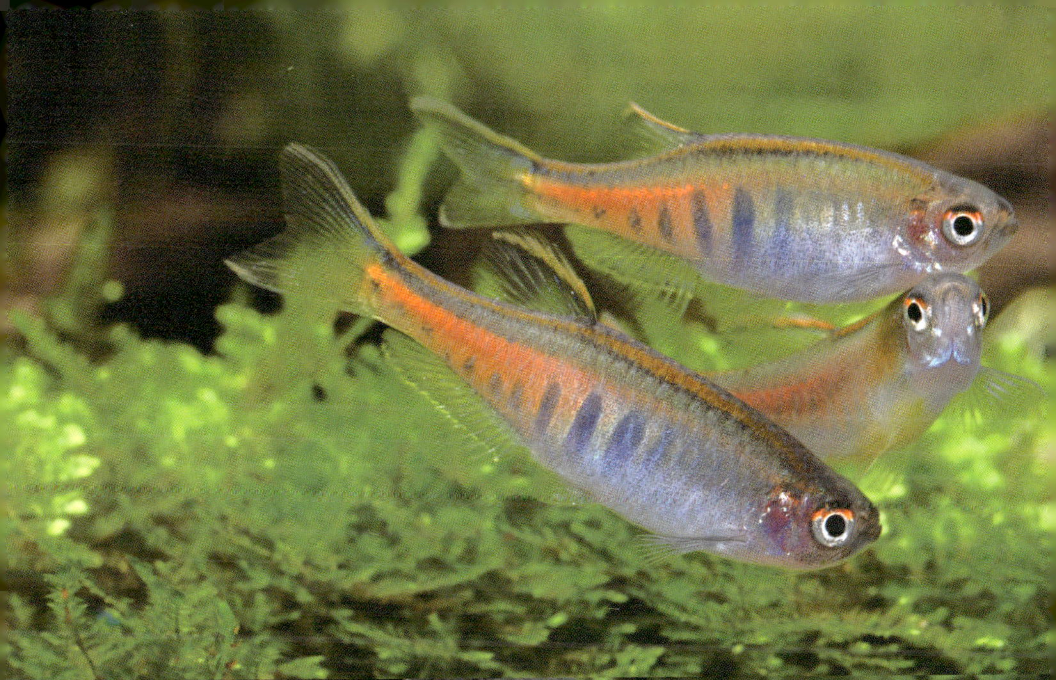

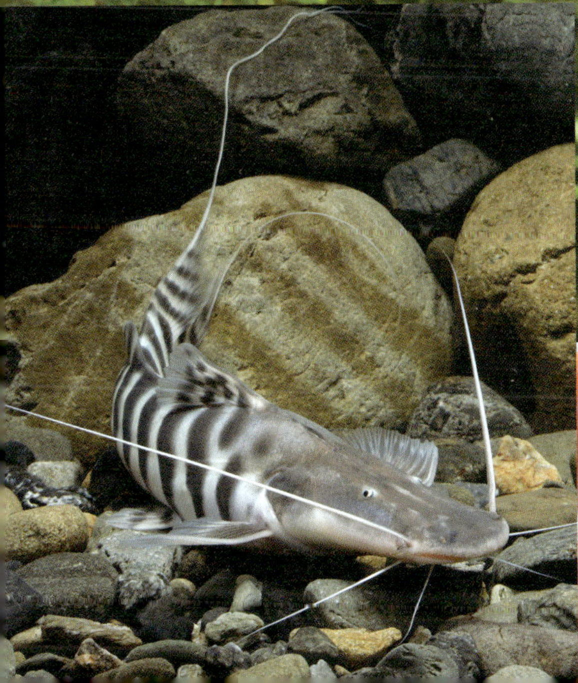

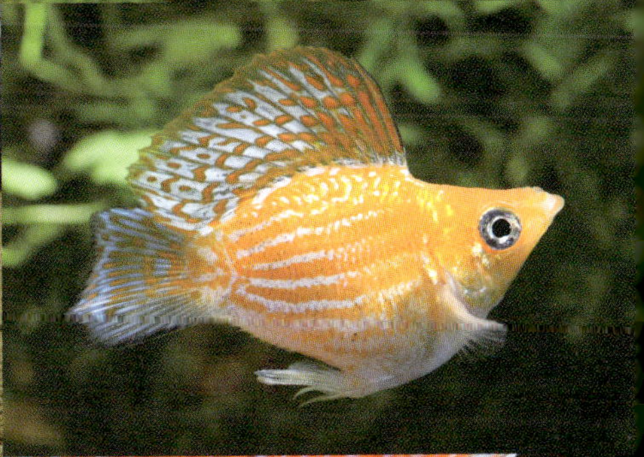

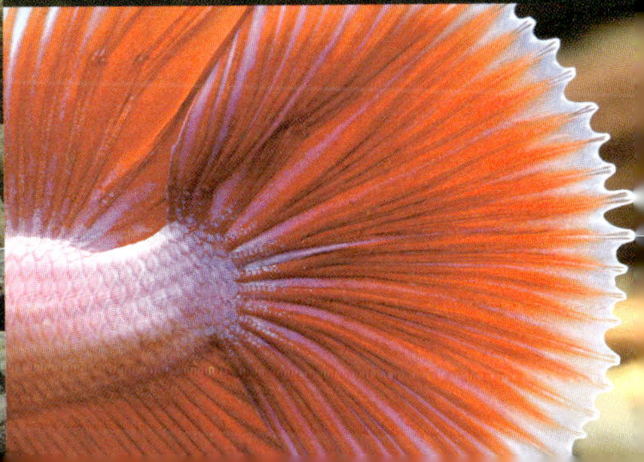

CONTENTS

- 2 　熱帯魚飼育をスタートする前に①
  熱帯魚との出会いを形に変えよう！
- 4 　熱帯魚飼育をスタートする前に②
  熱帯魚を飼育するのに必要なものは？
- 6 　熱帯魚飼育をスタートする前に③
  水槽の置き場所はどこにする？

- 14 　**THE 1st PERIOD**　熱帯魚について知ろう
- 16 　熱帯魚飼育スタートまでの準備期間は1ヶ月
- 18 　熱帯魚の選び方
- 20 　熱帯魚の体を知ろう

- 22 　**THE 2nd PERIOD**　人気種を中心に紹介！
  熱帯魚カタログ

AQUARIUM BOOK COLUMN
- 64 　泳ぎがうまい魚は紡錘型　熱帯魚の口の形と食べものの関係
- 65 　熱帯魚の模様はなんのため？　引っ越しは1ヶ月後が危険!?

- 66 　**THE 3rd PERIOD**　いよいよ飼育スタート！
- 66 　飼育に必要なグッズをそろえよう
- 72 　あると便利なアイテム
- 74 　熱帯魚たちの食事
- 76 　水槽を立ち上げよう
- 78 　いよいよ水槽に熱帯魚を泳がせよう

AQUARIUM BOOK
Tropical Fish

82 決定的な瞬間をパチリ！ 熱帯魚写真館

THE 4th PERIOD　熱帯魚のお世話

- 84　水槽のメンテナンス①基本編
- 86　水槽のメンテナンス②もっとしっかり編 コケの発生を予防しよう
- 88　水槽内のお掃除屋さんカタログ
- 90　季節別の世話と熱帯魚のお留守番

Aquarium Book License
アクアリウムブック版 熱帯魚検定

- 80　初級編
- 92　中級編
- 108　上級編

THE 5th PERIOD　熱帯魚との暮らしを楽しもう！

- 94　水槽のレイアウト術
- 96　水槽内に自然を演出しよう　水草カタログ
- 98　実際に水草を植えてみよう
- 100　水草のメンテナンスをしよう

THE 6th PERIOD　熱帯魚の病気を知っておこう

- 110　熱帯魚用語集
- 111　熱帯魚カタログ索引

THE 1st PERIOD

熱帯魚について知ろう

ひとことで熱帯魚といっても、その色や形、大きさは様々で、国内で出回っているものだけでも 1000 種類は軽く超えます。観賞魚ショップに行って熱帯魚を見て回る時に知っておくといい言葉や、熱帯魚を選ぶ時に絶対に抑えておきたいポイントを知って、熱帯魚を迎える準備をしましょう。

熱帯魚ってどんな魚？

熱帯魚を辞書で調べると「熱帯や亜熱帯地方に生息する淡水魚や海水魚」などとありますが、一般的に観賞魚ショップなどでは、熱帯亜熱帯に住む淡水魚のみを熱帯魚と呼び、その他の魚を海水魚や日本産淡水魚などと分けて扱っています。種類が多く、カラフルな色彩のものが多いのが特徴です。自分好みの熱帯魚を観賞魚ショップに探しにいきましょう。

熱帯魚はどこからやって来る？

熱帯魚は、多くの種類が中南米、アフリカや東南アジアなどから日本に輸入されてきます。さらに東南アジアを中心に養殖も盛んに行われているため、以前は幻だった熱帯魚が入手できるようになってきています。

熱帯魚の分類

生物は、体の特徴や遺伝子などを研究し、進化の過程を明らかにして○界○門○綱○目○科○属○種という風に分類されます。

例えば、ネオン・テトラだと
動物界 脊椎動物門 条鰭綱 カラシン目 カラシン科 パラケイロドン属 インシ（通称：ネオンテトラ）という風になるわけです。この本の熱帯魚カタログ（☞P22-63）では、目を中心に仲間分けして載せてあります。

熱帯魚の名前

熱帯魚の名前は、たいてい体の特徴から卸問屋での通称名、現地での呼び方や英名や学名などから名前が決まります。名前はその国の言語や地方によって変わりますが、世界共通

THE 1st PERIOD　熱帯魚について知ろう

熱帯魚の世界分布

北アメリカ
ガーパイク
卵生メダカ類
中大型シクリッドの仲間など

東南アジア
ベタ
アジア・アロワナ
グーラミィ
スネークヘッド
ダトニオイデスなど

アフリカ
ポリプテルス
プロトプテルス
エレファントノーズ
アーリーなど

オセアニア
レインボーフィッシュ
ネオケラトゥドゥスなど

南アメリカ
グッピー　ネオンテトラ
エンゼルフィッシュ
ピラニア　プレコ
コリドラス　ディスカス
大型ナマズなど

で使えるのが学名です。学名は、○属△種の部分を書いたもので、この表し方を「二名法」といいラテン語の斜体で表します。例）ネオンテトラ ⇒ *Paracheirodon innesi*

不明な種類の呼び名

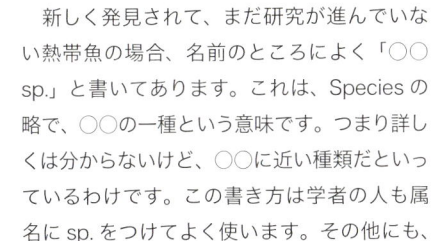

　新しく発見されて、まだ研究が進んでいない熱帯魚の場合、名前のところによく「○○ sp.」と書いてあります。これは、Species の略で、○○の一種という意味です。つまり詳しくは分からないけど、○○に近い種類だといっているわけです。この書き方は学者の人も属名に sp. をつけてよく使います。その他にも、変種を表す var. や改良変種を表す cv. などが度々用いられます。

汽水魚って？

　海水と淡水が混ざり合ったものを「汽水」といいます。「熱帯魚」という言葉は、冒頭でもお伝えしたとおり熱帯亜熱帯淡水魚に用いますが、河口などの汽水域に生息している汽水魚も熱帯魚としてよく扱われます。汽水魚は一日の中で満潮干潮により、大きく塩分濃度が変わる場所に住んでいるので、淡水でも飼うことができますが、長く元気でいてほしいなら、海水用の塩を海水を作る時の半分から3分の1程度混ぜて飼育します。

THE 1st PERIOD　熱帯魚について知ろう

✲ 熱帯魚飼育スタートまでの準備期間は1ヶ月

「熱帯魚を飼ってみよう」と思ったその日から、水槽を設置して熱帯魚を泳がせるまでは、最低でも1ヶ月必要になると考えてください。熱帯魚がショップからあなたの水槽に、スムーズに気持ちよく引越しできるようにしっかりと水槽内の環境を整えましょう。熱帯魚のためにも、くれぐれも水槽セットと熱帯魚を同時に買って帰って、即日飼い始めるなんてことはやめておきましょう。

1ヶ月前にすること
✲✲✲ 必要なものをそろえよう！ ✲✲✲

　初めに必要な器具をそろえましょう。そこで、まず決めたいのが水槽の大きさです。水槽をどこに置くか、どんな熱帯魚を飼うかをしっかりイメージしておくと観賞魚ショップに行った時に選びやすいです。ショップの方に相談するのも良い方法です。その際、事前に水槽を置く予定の場所のスペースを測っておくことを忘れないようにしましょう。（☞P66-75 参照）

3週間前にすること
✲✲✲ 水槽をセットしよう！ ✲✲✲

　ショップで買いそろえた水槽やろ過フィルターなどをセットしてみましょう。セットする前にまず、洗えるものは全部水道水で洗います。次に水槽を飾りたい場所に置いて、砂利を入れたらヒーターやろ過装置など説明書を読みながら組み立てて設置します。続いて水槽に水道水を入れて、中和剤や添加剤を適量入れたら、最後にヒーターやろ過フィルターなどの電源を入れます。この状態で3週間動かし続けると、水質をきれいに保ってくれるバクテリアがろ過フィルター内に繁殖して熱

THE 1st PERIOD　熱帯魚について知ろう

帯魚が飼える状態になります。3週間も待てないという方は、ショップでバクテリア自体が売っているので、それを入れると約1週間で3週間待つのと同じ状態を作ることができます。（☞P76-77参照）

当日にすること
✴✴✴ 熱帯魚を水槽に泳がせよう！ ✴✴✴

いよいよ観賞魚ショップに行って熱帯魚を選んで持ち帰ります。3週間ろ過フィルターを動かし続けた水槽に熱帯魚を移しましょう。

この時に必ず、時間をかけてていねいに水温合わせと水合わせを行ってください。絶対に熱帯魚を水槽にすぐにドボンと入れてしまうことがないようにしましょう。
（☞P78-79参照）

一番大切なのは気持ち

　熱帯魚の飼育は水槽やろ過フィルターなど、いろいろと器具が多くて難しいように思えますが、水合わせやバクテリアなど飼い方のポイントさえ理解すれば、誰でも飼い始めることができます。

　しかし一番大切なのは、家具やインテリアのように水槽を設置したら終わりではなく、そこから熱帯魚との生活がスタートするということへの心がまえです。

　熱帯魚は水槽の外に出ることができないので、犬や猫のように空腹や自らの存在をあなたにアピールすることはできません。湖や川ではないので、あなたが気付かないと水の交換もされないのです。

　熱帯魚の気持ちになって、常に居心地よくしてあげることを忘れずに、飼育をスタートさせてくださいね。

AQUARIUM BOOK　17　Tropical Fish

STUDY　CATALOG　LIVING　CARE　PLAYING　DISEASE

THE 1st PERIOD　熱帯魚について知ろう

✱ 熱帯魚の選び方

現在、観賞魚ショップに並ぶ熱帯魚の多くは外国の養殖所や各生息地から飛行機で輸入されてきたものです。輸入された熱帯魚たちはまず問屋に運ばれ、そこからショップにやってくるわけです。つまり到着したばかりの熱帯魚は移動のストレスでいっぱいです。すぐに病気にかかるものもいるので、しばらくショップで暮らして落ち着いている個体を選ぶようにしましょう。

健康でよい個体を選ぼう！

観賞魚ショップに行くと様々な種類の熱帯魚たちが出迎えてくれます。「かわいいなぁ」「かっこいいなぁ」と自分の趣味に合った熱帯魚を買う前に、その個体が本当に健康でよい個体なのか少し観察してみましょう。

★ チェック項目

- 元気に泳いでますか？
- まっすぐ泳いでいますか？
- 群れから離れて泳いでいませんか？
- ヒレは閉じていませんか？
- 傷はついていませんか？
- 体は曲がっていませんか？
- 体に白い点々はついていませんか？
- 眼はにごっていませんか？
- ヒレの縁はきれいですか？
- 呼吸が荒くなっていませんか？

1つでも気になることがあったら店員さんに聞きましょう。店員さんと話すことでその熱帯魚の生態や店に来てからの状態も聞くことができるので、どんなことに気をつけて飼えばよいかを知ることができます。

混泳させるにはどうしたらいいの？

1つの水槽に色々な種類の熱帯魚を同時に泳がせることを混泳といい、混泳させている水槽をコミュニティータンクと呼びます。コミュニティータンクは、ただ見た目ににぎやかで楽しいだけではなく、様々な種類の熱帯魚を泳がせることで水槽内をより自然の状態に近づけることができます。どんな種類を組み合わせればよいか？気をつけたいポイントを次ページで確認しましょう。

AQUARIUM BOOK　Tropical Fish

THE 1st PERIOD　熱帯魚について知ろう

気が強くないものを選ぶ

　熱帯魚の中には、その見た目からは想像もつかないほど気の強い種類がいます。気の強さの原因は縄張り意識の高さなどがあげられますが、こういった性格の熱帯魚を混泳させると気が強いもの同士はもちろん、他の関係ない種類まで攻撃されてボロボロになってしまいかねません。混泳には温和な種類を選ぶようにしましょう。

気が強い熱帯魚たち ＊
サーペ、ブラック・テトラ、レインボー・テトラなど

他の熱帯魚を食べないものを選ぶ

　他の魚を主食としている魚をフィッシュイーターといい、基本的には混泳できません。しかし、中大型の肉食魚同士を混泳させることはできます。その場合、互いの口に入らないくらいの体の大きさでそろえ、縄張り意識が強くない種類で混泳させます。大きさが近くても、ピラニアのように群れで襲うものやナマズの仲間のようにかなり大きな魚まで口に入れてしまう種類もいるので、混泳させる時はその生態をよく知ることが大切です。

水槽の空間を上手く利用する

　熱帯魚は種類によって水槽の上層・中層・下層のどこを泳ぐかその生態が異なります。60cm水槽に30匹の小型魚を泳がせるにしても上層を泳ぐ種類だけで30匹選ぶのと、上層を泳ぐ種類15匹、中層が10匹、下層が5匹と分けて選んで泳がせるのとでは見た目の混雑度が全く異なります。

＊＊＊ **上・中・下層の各層を泳ぐ種類** ＊＊＊

上層 ＊ エクエス・ペンシルフィッシュ、マーブル・ハチェット、ボララス・マクラートゥス、パール・ダニオなど

中層 ＊ ネオン・テトラ、プラティ、ラスボラ・アクセルロッディ、サカサナマズ、オスカーなど

下層 ＊ クーリー・ローチ、アルジーイーター、オトシンクルス、コリドラスなど

少数で気まずい雰囲気を作らない

　よくあるのが小型魚を数匹小さな水槽で飼うことで起きるケンカです。普段は大人しい種類でも、小さな空間に少数閉じ込められると争うことがあります。逆に少し気が荒い個体がいても、数十匹で飼うことで縄張り争いなどが緩和され、群れの美しさも堪能することができます。

〈小型魚水槽の混泳例〉60cm水槽

- カージナル・テトラ ×10匹
- グローライト・テトラ ×10匹
- マーブル・ハチェット ×5匹
- ブラックファントム・テトラ ×5匹
- クーリー・ローチ ×2匹
- コリドラス・ステルバイ ×2匹

THE 1st PERIOD　熱帯魚について知ろう

✱ 熱帯魚の体を知ろう

熱帯魚の体はその種類によって実に多様です。基本的な熱帯魚の体の形や用途を知っていると初めて見た種類でも「泳ぎが上手いか下手か」「水底が好きか狭いところが好きか」など生態を予想することができ、熱帯魚を選ぶ時にも役立ちます。

背ビレ　左右に倒れないように体全体をまっすぐ保つはたらきがあります。熱帯魚の種類によって、2枚以上もつものもいます。

尻ビレ　腹の後方（排泄孔の近く）にあるヒレ。背ビレと同じように左右のバランスを保つはたらきをしています。

胸ビレ　エラ蓋の後ろに左右一対あるヒレ。泳ぎの舵取りからブレーキまで泳ぐスピードと方向を操るはたらきをしています。水底を好んで泳ぐ種類の胸ビレは真横に広がるようについていて、体が浮き上がらないようになっています。

腹ビレ　腹部にあるヒレ。進行方向を変えるためにはたらき、スピードを出して泳ぐ時はたたんで水の抵抗を減らすように使われます。

脂ビレ　カラシンやナマズの仲間などに見られる背ビレの後ろの小さなヒレ。背ビレとは異なり脂肪質の組織でできています。

尾ビレ　最も後方にあるヒレ。左右に動かして泳ぐための推進力を生み出します。素早く泳ぐ種類の尾ビレは中央が谷型になった二又形状をしており、ゆったりと泳ぐ種類は扇形のような面積が広い尾ビレをしています。

エラ　ほとんどの魚は主にエラ呼吸をおこなっています。水を口からエラへと通す時に水に溶け込んでいる酸素を、エラの毛細血管から血液中に取り込んでいます。

ヒゲ　主にナマズの仲間などの口に生えています。夜にエサを捕る時などに触覚として使ったり味覚を感じて食べ物か判断するのに使われます。

THE 1st PERIOD 熱帯魚について知ろう

熱帯魚の体各部の名称

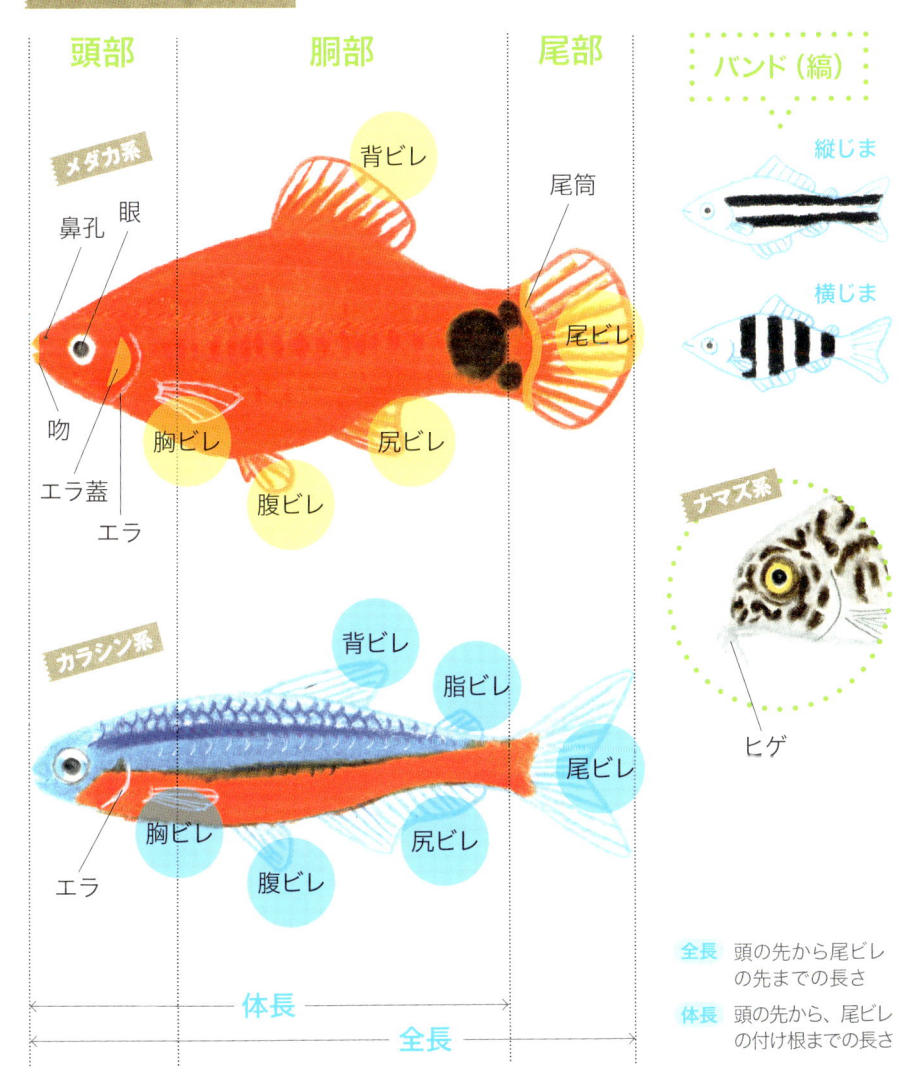

頭部 | **胴部** | **尾部**

バンド（縞）

メダカ系

- 鼻孔
- 眼
- 吻
- エラ蓋
- エラ
- 背ビレ
- 胸ビレ
- 腹ビレ
- 尻ビレ
- 尾筒
- 尾ビレ

縦じま

横じま

ナマズ系

ヒゲ

カラシン系

- エラ
- 胸ビレ
- 腹ビレ
- 背ビレ
- 脂ビレ
- 尻ビレ
- 尾ビレ

← 体長 →
← 全長 →

全長 頭の先から尾ビレの先までの長さ

体長 頭の先から、尾ビレの付け根までの長さ

AQUARIUM BOOK　Tropical Fish

STUDY | CATALOG | LIVING | CARE | PLAYING | DISEASE

THE 2nd PERIOD

人気種を中心に紹介！
熱帯魚カタログ

日本で手に入る熱帯魚は、実に1000種を超えます。その中から好きな個体を選び組み合わせを考えることは至難の業です。ここでは、その中でもポピュラーな138種を紹介します。色合いや形だけでなく、水質や性格なども合わせて自分に合った熱帯魚を是非見つけてください。

★ カタログの見方

カージナル・テトラ
Paracheirodon axelrodi

❸ 分類 カラシン目カラシン科　❹ 分布 ネグロ川
❺ 水質 弱酸性〜中性　❻ 最大体長 4cm

ネオン・テトラよりも、濃くはっきりしたブルーラインに腹部の赤い色が多く美しい種。グリーンネオンと同じく、群れでそろ❼て泳ぐため、大きな水槽に数十匹で飼育したい。水替えや水槽移動の際にていねいに水合わせをしていれば問題なく飼える。

❶ **魚種名** 日本での一般的な流通名です。

❷ **学名** その熱帯魚の世界共通の名前です。ラテン語で表記されます。

❸ **分類** 進化の過程が近いもので分けられています。近い仲間を見つけてください！

❹ **分布** どこの地域に生息しているか、国名や大きな有名な川名で表記しています。

❺ **水質** その熱帯魚にあった水質環境を維持してあげてください。

❻ **最大全長** 頭の先端から尾ヒレの先までの長さで、成長して最大のサイズです。

❼ **その種の特徴** 体の特徴、性格、飼う際の注意点など。お気に入りを見つけてください。

THE 2nd PERIOD　熱帯魚カタログ

カラシンの仲間

　カラシンの仲間は、淡水魚中最も大きなグループのひとつでネオンテトラからピラニアまで様々な種類がいます。生息地も中南米から中央アフリカと広く、東南アジアでは養殖が盛んに行われています。コイの仲間と一見似ていますが、脂ビレと口に歯があることで見分けることができます。特に小型カラシンはビギナーからベテランまで幅広い層に愛されています。是非水槽に群れで泳がせてその美しさを楽しんでください。

ネオン・テトラ
Paracheirodon innesi

分類　カラシン目カラシン科　　分布　アマゾン川
水質　弱酸性～中性　　最大全長　3cm

熱帯魚の代名詞となるくらい、有名な熱帯魚のひとつ。飼育もしやすく、見た目も美しいため入門種として最適である。群れで泳がせると、水槽内でそれぞれバラバラに泳ぎ回ってくれる。温和なため多種との混泳にも向いている。

ニューゴールド・ネオン
Paracheirodon innesi var.

分類　カラシン目カラシン科　　分布　改良品種
水質　弱酸性～中性　　最大全長　3cm

ネオン・テトラの白変種。黒い眼と白く透き通った体の側面にうっすらと入るアクアブルーのラインが美しい。体のラインがきれいな個体を選ぶようにしたい。

グリーン・ネオン
Paracheirodon simulans

分類　カラシン目カラシン科　　分布　ネグロ川
水質　弱酸性～中性　　最大全長　2.5cm

小型で、体の側面にあるブルーのラインが美しく、黒いバックスクリーンに良く合う。群れでいっせいに向きを変えて泳ぐので、十匹単位で飼育したい。小さいので、エサの大きさには注意する。

カージナル・テトラ
Paracheirodon axelrodi

分類 カラシン目カラシン科　**分布** ネグロ川
水質 弱酸性〜中性　**最大全長** 4cm

ネオン・テトラよりも、濃くはっきりしたブルーラインに腹部の赤い色が多く美しい種。グリーンネオンと同じく、群れでそろって泳ぐため、大きな水槽に数十匹で飼育したい。水換えや水槽移動の際にていねいに水合わせをしていれば問題なく飼える。

ラミーノーズ・テトラ
Hemigrammus bleheri

分類 カラシン目カラシン科　**分布** アマゾン川
水質 弱酸性〜中性　**最大全長** 5cm

透明な体と、真っ赤に染まった頭部が印象的な種。状態が良く、成熟しないと赤い色がうまく発色しない。群れでそろって泳ぐ。オスにはカラシンフックという突起があり、網ですくう時に度々引っかかる。アルビノも良く見かける。

グローライト・テトラ
Hemigrammus erythrozonus

分類 カラシン目カラシン科　**分布** ギアナ
水質 弱酸性〜中性　**最大全長** 3cm

透明な体の中央を明るいオレンジのラインがはしる美しい種。丈夫で飼いやすく、初心者にも人気の種である。群れで一体となって動くので、数多く入れるととても美しいが、同種間で時々争いが見られる。カージナルテトラと群れで組み合わせたい。

ヘッドアンドテールライト・テトラ
Hemigrammus ocellifer

分類 カラシン目カラシン科　**分布** アマゾン川
水質 弱酸性〜中性　**最大全長** 5cm

赤く光る眼の上、尾の付け根（尾筒）の赤、銀色に輝くスポットが美しい種。体高が高いため、大きく見栄えする。メスのほうが一回りほど大きい。丈夫で飼いやすくビギナー向けである。

サーペ
Hyphessobrycon eques

分類 カラシン目カラシン科　分布 アマゾン川　グァポレ川、パラグアイ川　水質 弱酸性〜中性　最大全長 3cm

濃い朱色の体が美しい種。別名キャリスタス。かなり気が荒く、他の魚を追いかけまわすので混泳させたい時は、同じくらい気が強い種にするなど注意が必要なので慎重に選びたい。

ブラックファントム・テトラ
Hyphessobrycon megalopterus

分類 カラシン目カラシン科　分布 パラグアイ川、グァポレ川　水質 弱酸性〜中性　最大全長 4cm

体高のある黒い体に、大きく広がった背ビレと尻ビレが印象的な種。オスが求愛の際にメスの前で大きなヒレを広げて見せる、フィンスプレッディングは見ごたえがある。

ブラックネオン・テトラ
Hyphessobrycon herbertaxelrodi

分類 カラシン目カラシン科　分布 アマゾン川　水質 弱酸性〜中性　最大全長 3cm

太いブラックラインの上のホワイトラインがシックで落ち着いた雰囲気をもつ種。カラフルな魚たちが泳ぐ中に入れると良いアクセントになる。エサも選り好みせずによく食べ、水質変化にも強く丈夫で飼いやすい。

レモン・テトラ
Hyphessobrycon pulchripinnis

分類 カラシン目カラシン科　分布 アマゾン川　水質 弱酸性〜中性　最大全長 4cm

飼いこむと銀色に透けた体に淡い黄色がかかり、尻ビレのレモンイエローが美しくなる。飼いやすく、性格も温和なため混泳にも向いている。やわらかい水草は食べてしまうので注意する。

THE 2nd PERIOD　熱帯魚カタログ

ロージー・テトラ
Hyphessobrycon rosaceus

分類　カラシン目カラシン科　分布　アマゾン川、ギアナ
水質　弱酸性〜中性　最大全長　4cm

成熟したオスの真っ赤な体色と大きく伸びた背ビレが印象的な種。メスは、オスよりもひし形で背ビレが小さく、先端が白い。基本的に飼いやすい種で繁殖も難しくはない。

ベールフィン・テトラ
Hyphessobrycon elachys

分類　カラシン目カラシン科　分布　アマゾン川
水質　弱酸性〜中性　最大全長　3cm

銀色の体色で尾ビレの付け根に黒のスポットがある。一見すると地味な魚だが、成熟した個体のヒレが伸長した姿は魅力的。テトラ・オーロの名前でも流通している。

インパイクティス・ケリー
Inpaichthys kerri

分類　カラシン目カラシン科　分布　アマゾン川
水質　弱酸性〜中性　最大全長　5cm

側面の濃いパープルブルーのラインが光によって美しく輝く。アジアで養殖されたものが多く輸入されている。気が強く、同種間でよく小競り合いをする。水質は、弱酸性の軟水を保ちたい。

グリーンファイヤーテトラ
Aphyocharax rathbuni

分類　カラシン目カラシン科　分布　アルゼンチン、パラグアイ
水質　弱酸性〜中性　最大全長　5cm

淡いエメラルドグリーンと燃えるような赤が美しい種。成熟するとヒレの先端が白くなる。鮮やかな色を出すためには、状態のいい軟水を管理する力が問われる。

グラス・ブラッドフィン
Prionobrama filigera

分類 カラシン目カラシン科　分布 アマゾン川
水質 弱酸性〜中性　最大全長 5cm

透明な体に真っ赤な尾びれが映える。東南アジアでの養殖が多く輸入されている。小型カラシンの仲間では大きいが、性格は穏やかで、泳ぎが上手くすばやい。群れで飼うと美しい。

プリステラ
Pristella maxillaris

分類 カラシン目カラシン科　分布 アマゾン川、ギアナ
水質 弱酸性〜中性　最大全長 4cm

全体的に透明感があり、三色に彩られた背ビレと尻ビレがとても美しい種。飼いやすく、丈夫である。よく食べるので、エサの与えすぎに気をつけたい。群れで泳ぐ姿は、水草水槽によく合う。

ペンギン・テトラ
Thayeria boehlkei

分類 カラシン目カラシン科　分布 アマゾン川
水質 弱酸性〜中性　最大全長 5cm

体の側面の黒いラインと、頭を斜め上にしてちょこちょこと泳ぎ回る姿がペンギンを思わせる。飼いやすく丈夫な魚であるが、大きくなると気が荒くなる。やわらかい水草を食べるので注意する。

レインボー・テトラ
Nematobrycon lacortei

分類 カラシン目カラシン科　分布 ブラジル、コロンビア
水質 弱酸性〜中性　最大全長 5cm

赤い眼に、体の側面のブラックライン、さらにその上にキラキラ光る青いウロコが印象的な種。気が強く、同種間でかなり争う。オスの体色は、特に鮮やかでまさにレインボーである。

THE 2nd PERIOD　熱帯魚カタログ

ブラック・テトラ
Gymnocorymbus ternetzi

分類　カラシン目カラシン科　分布　ブラジル、アルゼンチン、ボリビア　水質　中性　最大全長　5cm

シンプルな色合いに2本のブラックラインが愛らしい種。とても丈夫で飼いやすいが、かなり気が強く他の魚を攻撃するので、混泳には注意が必要。東南アジアでブリードされた若い個体がよく出回っている。

マーブル・ハチェット
Carnegiella strigata

分類　カラシン目ガステロペレクス科　分布　ギアナ、ペルー　水質　弱酸性～中性　最大全長　4cm

ハチェットとは手斧（ちょうな）の意味。性格は大人しくて混泳に向いている。水面付近で生活をすることから、浮くエサが向いている。ジャンプするので、水槽から飛び出してしまわないように気をつけたい。

エクエス・ペンシルフィッシュ
Nannostomus eques

分類　カラシン目レビアシナ科　分布　ギアナ、アマゾン川　水質　弱酸性～中性　最大全長　5cm

ペンシル・フィッシュとは、字のごとく鉛筆のような細い体をしている種で、群れで頭を水面に向かって斜め上に向けて泳ぐ姿がユニークである。ペンシルフィッシュだけで呼ぶ時は、この種をさすことが多い。

ゴールデン・ペンシルフィッシュ
Nannostomus beckfordi

分類　カラシン目レビアシナ科　分布　ギアナ、アマゾン川　水質　弱酸性～中性　最大全長　4cm

ベックフォルディペンシルの名前でも知られ、ブラックとレッドのラインがとても美しく、人気が高い種。丈夫で飼いやすく、ヒゲ状のコケをよく食べてくれる。オスの方が赤く美しい。繁殖も容易である。

コンゴ・テトラ
Phenacogrammus interruptus

分類 カラシン目アレステス科　分布 中央アフリカ、コンゴ
水質 中性　最大全長 10cm

ブルーやグリーンの体色にオレンジのラインがきれいな種。性格は穏やかだが、同種のオス同士は争う傾向がある。メスはひと回り小さく、ヒレも長く伸びない。水草を食べる癖がある。

ショートノーズ・クラウンテトラ
Distichodus sexfasciatus

分類 カラシン目ディスティコドゥス科　分布 コンゴ川、アンゴラ
水質 弱酸性～中性　最大全長 45cm

深い赤みを帯びた体色に黒いバンドが美しいアフリカ産の大型カラシン。丈夫で寿命が長く、大切に飼い続けると10年以上は生き続ける。小型魚や水草を次々食べてしまうので、単独飼育が基本である。

ペーシュ・カショーロ
Hydrolycus scomberoides

分類 カラシン目キノドン科　分布 アマゾン川、パラグアイ川
水質 中性　最大全長 60cm

ポルトガル語でペーシュは魚、カショーロは犬のこと。下アゴの長い2本の牙がいかにも凶暴な肉食魚で、待ち伏せして小魚を襲う。90cm以上の水槽でゆったりと飼育したい。頭を斜め下に傾けて、水槽の中層域を泳ぐ。

タイガー・ホーリー
Hoplias malabaricus

分類 カラシン目エリスリヌス科
分布 南米
水質 弱酸性～中性
最大全長 40cm

大型肉食カラシンの代表的な種。10cm程度の幼魚がよく出回っているが、成長すると太く大きく凶暴になる。鋭い歯と強力なアゴで小魚やザリガニなどを捕食する。気性がかなり荒く、縄張り意識も強いので単独で飼育する。現地ではタライーラと呼ばれている。

THE 2nd PERIOD　熱帯魚カタログ

ピラニア・ナッテリー
Pygocentrus nattereri

分類 カラシン目セルサラムス科　分布　アマゾン川
水質 中性　最大全長　25cm

一般的にピラニアといえばこの種。腹部が赤く染まるのが特徴。とても臆病で繊細な魚であるが、その歯はカミソリのように鋭利なので水槽を管理する時は注意が必要。群れで行動するので、大きな水槽に数十匹で飼うと見ごたえがある。

ブラック・ピラニア
Serrasalmus rhombeus

分類 カラシン目セルサラムス科　分布　アマゾン川
水質 中性　最大全長　40cm

ピラニアの中で最大で、自然界では50cmを超える。その全身黒の渋さと迫力から、コアなファンが多い。性格も荒々しく、扱いも難しいので飼育経験が豊富な玄人向けの熱帯魚である。

✦ カラシン界の座頭市 ✦

　カラシンの仲間にブラインドケーブ・カラシンという熱帯魚がいます。彼らは、洞窟内で生活しているため眼が退化し、見えなくなっています。光のない世界では、目は必要ないのです。その代わりに彼らは、側線という人間の耳に当たる器官を発達させることで、普通の魚と同じように泳ぎまわり、エサも食べることができるようになりました。その盲目と思えぬ素早い動きは、まさにカラシン界の座頭市といえるでしょう。

　さらに不思議なのは、生まれた稚魚には眼があり見えるということです。眼は成長するにつれて皮膚に覆われ次第に見えなくなっていきます。これは、暗闇ではなく、照明のついた明るい水槽内で育てても同じです。

　飼う時は、20〜25℃のやや低めの水温で、混泳は避けて同種を雌雄合わせて5、6匹ほど泳がせましょう。ブラックライトなどで洞窟を演出すればさらに幻想的な水槽になりますよ。

分類 カラシン目カラシン科
分布 メキシコ
水質 弱酸性〜中性
最大全長 9cm

ブラインドケーブ・カラシン
Astyanax fasciatus mexicanus

コイの仲間

　コイの仲間は、熱帯地方だけに留まらずアジアを中心に広い地域に分布する大きなグループのひとつです。外見的な特徴として、多くの種がヒゲをもち、口ではなく喉の部分に咽頭歯という歯が発達しています。丈夫で飼いやすい種類が多く、飼い込むとカラシンの仲間に負けない素晴らしい発色を示してくれます。姿形も多様で細長いドジョウや吸盤のようなヒレを持つタニノボリなどの仲間もコイ目に含まれます。

ラスボラ・ヘテロモルファ
Trigonostigma heteromorpha

分類　コイ目コイ科　　分布　マレー半島
水質　弱酸性〜中性　　最大全長　4cm

　ラスボラ亜科の代表的な種。バチと呼ばれる体の側面後半にでる三角模様が特徴。丈夫で、エサも選り好みせずとても飼いやすく、おだやかで混泳に向く入門種。

ラスボラ・エスペイ
Trigonostigma espei

分類　コイ目コイ科　　分布　タイ、マレーシア、インドネシア
水質　弱酸性〜中性　　最大全長　4cm

　ヘテロモルファに比べて、シャープな体形に濃く鮮やかなオレンジが美しい。まめな水換えを続けて弱酸性の軟水を保てば、体色にいっそう深みが出てくる。

ボララス・マクラートゥス
Boraras maculatus

分類　コイ目コイ科　　分布　マレー半島、スマトラ島
水質　弱酸性　　最大全長　3cm

　体の真ん中の大きなスポットが特徴的な種。弱酸性の軟水で飼いこんでいくとどんどん赤みを増していく。群れで泳がせると鮮やかで美しい。とても大人しいので、気の強い種との混泳は避けたい。

ブルーアイ・ラスボラ
Rasbora dorsiocellata macrophthalma

分類 コイ目コイ科　分布 マレー半島、インドネシア
水質 弱酸性　最大全長 3cm

眼の下半分が淡いブルーに光る印象的な小型のラスボラ。背ビレの黒いスポットがかわいく、是非群れで泳がせたい魚である。小型で細身のため、大きめの魚と泳がせると食べられてしまう恐れがある。

スマトラ
Puntius tetrazona

分類 コイ目コイ科　分布 スマトラ、ボルネオ
水質 弱酸性～中性　最大全長 6cm

くっきりした縞模様に、きびきびした泳ぎが特徴的な種。とても丈夫で飼いやすい。混泳も可能だが、やや性格は荒く他魚のヒレをつつくことがある。グリーンやアルビノなども多く見かける。

チェリー・バルブ
Puntius titteya

分類 コイ目コイ科　分布 スリランカ
水質 弱酸性～中性　最大全長 5cm

全身がすばらしく美しい赤に染まる種。プンティウス属の中では小型でスマートな体形。丈夫で、エサも選り好みしないので、とても飼いやすく、ビギナー向けの種のひとつ。性質も穏やかなので混泳も問題ない。

ゴールデン・バルブ
Puntius semifasciolatus var.

分類 コイ目コイ科　分布 改良品種
水質 弱酸性～中性　最大全長 5cm

明るい黄色に、黒い斑点が愛らしい種。エサをよく食べるので、肥満にならないようになるべく広い水槽で泳がせて運動量を増やすようにする。チェリー・バルブに比べると気が強いが混泳も問題ない。

ブラック・ルビー
Puntius nigrofasciatus

分類 コイ目コイ科　分布 スリランカ
水質 弱酸性～中性　最大全長 6cm

オレンジの体色に、太く黒いバンドが印象的な種。特に飼育が難しいわけではないが、その美しい色合いを出すには弱酸性の軟水を保つ必要があり、飼育者の愛情にかかっている。オスは発情すると、頭部が真っ赤に色付く。

レッドライン・トーピード
Puntius sp. cf. denisoni

分類 コイ目コイ科　分布 インド
水質 弱酸性～中性　最大全長 15cm

頭部から眼の上を走る、レッドラインが美しい種。トーピードの名のとおり魚雷のごとくスピード感のある泳ぎをする。性格も大人しく、是非群れで泳がせたい。レッドノーズとも呼ばれる。

ゼブラ・ダニオ
Danio rerio

分類 コイ目コイ科　分布 インド
水質 弱酸性～中性　最大全長 4cm

濃紺と黄色の縞模様が実に美しく、絶えず水槽内を泳ぎ続けているので飽きさせない。エサも選り好みせずによく食べ、高水温にも強くとにかく元気で丈夫なので、昔からビギナーにも人気が高い種である。

ダニオ・エリスロミクロン
Danio erythromicron

分類 コイ目コイ科　分布 ミャンマー
水質 弱酸性～中性　最大全長 3cm

少し前までは幻とされていた小型美魚。口も小さいためエサの大きさに気をつけたい。性質は穏やかだが、臆病な個体も多く、あまり水草や流木などを多く入れると隠れてしまいがちになるので、レイアウトを工夫したい。

THE 2nd PERIOD　熱帯魚カタログ

オレンジグリッター・ダニオ
Danio choprai

分類 コイ目コイ科　分布 ミャンマー
水質 弱酸性～中性　最大全長 4cm

体の後半尾にかけての蛍光オレンジのラインが群れで飼うととても美しい。とても丈夫で飼いやすいが、同種間でよくつつきあうので、流木や水草を入れるなどして避難所を作ってやるとよい。

パール・ダニオ
Brachydanio albolineatus

分類 コイ目コイ科　分布 タイ、インド、マレーシア
水質 弱酸性～中性　最大全長 4.5cm

青紫と蛍光オレンジのラインが実に涼しげである。性格は温厚で、絶えず素早く泳ぎ回っている。オスのほうが小さく、体色が美しい。とても丈夫で食欲が旺盛なため、エサのやりすぎには注意する。

レオパードダニオ
Brachydanio sp.

分類 コイ目コイ科　分布 改良品種
水質 弱酸性～中性　最大全長 4cm

文字通り、ヒョウ柄の体色がとても美しい種。古い時代に品種改良されて生まれたものと考えられている。性格は温厚で、混泳にも向いている。オスのほうが、鮮やかな黄色になる。

ラスボラ・アクセルロッディ
Sundadanio axelrodi

分類 コイ目コイ科　分布 インドネシア
水質 弱酸性　最大全長 3cm

本種のカラーとしてはブルーやレッドなどがあり、写真はアクセルロッディ・ブルーの個体。群れで泳がせるとメタリックなブルーが輝いてとても美しい。学名のままスンダダニオ・アクセルロッディと呼ばれることもある。

ダディブルジョリィ・ハチェットバルブ
Chela dadyburjori

分類 コイ目コイ科　分布 インド、ミャンマー
水質 弱酸性〜中性　最大全長 4cm

淡い黄金のキャンバスにディープブルーの絵の具を落としたような体色がとても美しい。エサも選り好みせず飼いやすい。ハチェットバルブの仲間は、水槽から飛び出しやすいので、フタを必ずするように心がける。

バタフライ・バルブ
Barbus hulstaerti

分類 コイ目コイ科　分布 コンゴ、アンゴラ
水質 弱酸性　中性　最大全長 3cm

黄色のヒレが美しく、体側の中央にスポットが印象的な種。アフリカからの輸入も少なく価格も高め。非常にデリケートな魚なので、経験者向けといえる。水草を多く植えるなどして飼うとよい。

ギャラクシー・ダニオ
Celestichthys margaritatus

分類 コイ目コイ科　分布 ミャンマー
水質 中性〜弱アルカリ性　最大全長 3cm

学名も最近決まった新しい種で、燃えるように赤いヒレと全身に散りばめられた星模様から、以前は、ミクロラスボラ・ハナビと呼ばれていた。性格も温厚で、丈夫で飼いやすいが、口が小さいのでエサの大きさに気をつける。

アカヒレ
Tanichthys albonubes

分類 コイ目コイ科　分布 中国
水質 弱酸性〜中性　最大全長 4cm

尾ビレの付け根が赤く染まるコイ目の小型魚の中で、最もポピュラーな種のひとつ。とても丈夫で温度変化にも強く、初心者でも飼育や繁殖が可能である。コッピーの名でも知られている。

ゴールデン・アカヒレ
Tanichthys albonubes var.

分類 コイ目コイ科　**分布** 改良品種
水質 弱酸性〜中性　**最大全長** 4cm

赤い尾ビレに体全体が上品なゴールドに輝くアカヒレの改良品種。いわゆるアルビノではないので眼は黒く、尾ビレも赤い。原種と同様に低水温に強く、丈夫で飼いやすいビギナー向けの熱帯魚である。

サイアミーズ・フライングフォックス
Crossocheilus siamensis

分類 コイ目コイ科　**分布** タイ、マレーシア、インドネシア
水質 弱酸性〜中性　**最大全長** 10cm

水槽に発生するヒゲ状のコケをよく食べてくれることで有名な魚。成長するにしたがってコケをあまり食べなくなる傾向がある。比較的大きく育つが、性格は大人しく他の魚を襲うことはないので混泳にも向いている。

シルバー・シャーク
Balantiocheilus melanopterus

分類 コイ目コイ科　**分布** タイ、インドネシア、ボルネオ
水質 弱酸性〜中性　**最大全長** 25cm 以上

銀色の体に、三角のヒレがサメを思わせるが性格は穏やかで、混泳も問題ない。最大で25cm以上になり、体形からもわかるように活発に泳ぎ回るので、水槽は余裕をもった大きいものを用意する。

レッドテールブラック・シャーク
Epalzeorhynchus bicolor

分類 コイ目コイ科　**分布** タイ
水質 弱酸性〜中性　**最大全長** 13cm

真っ黒な体に赤い尾ビレがはえる。縄張り意識が強く、特に同種間や色形が似ている種を攻撃する。素早い泳ぎで、他の魚のエサを横取りするので、混泳させたい時は流木や水草などを多く入れて空間を分けるようにする。

アルジーイーター
Gyrinocheilus aymonieri

分類 コイ目ギュリノケイルス科　分布 タイ
水質 弱酸性～中性　最大全長 15cm

ガラス面のコケ取り名人として有名な魚。ヒゲがなく下を向いた口が特徴。飼いやすいが、他の魚の体表をなめる悪癖をもつので、遊泳性の低い魚と混泳させる時は注意が必要。

エンツユイ
Myxocyprinus asiaticus

分類 コイ目サッカー科　分布 中国
水質 弱酸性～中性　最大全長 40cm以上

幼魚のころは体高が高いが、成長するにしたがって、体が長くなり縞模様も少なくなっていく。10cm弱の幼魚がよく売られているが、非常に大きくなるので飼うには、整った環境と覚悟が必要。

クラウン・ローチ
Chromobotia macracanthus

分類 コイ目ドジョウ科　分布 インドネシア
水質 中性～弱アルカリ性　最大全長 10～20cm

オレンジとブラックのバンドがとてもかわいらしい種。ドジョウの仲間であるが、体高があるのが特徴。常に水槽の底や流木の隙間などを泳いでいるため、エサにありつけているかどうか確認しながら給餌する。

クーリー・ローチ
Pangio kuhlii

分類 コイ目ドジョウ科　分布 東南アジア
水質 弱酸性～中性　最大全長 9cm

鮮やかな色合いとバンドが美しいドジョウの仲間。タンクメイトにはかかせない種だ。クラウン・ローチと同じく、底層によくいるのでエサにありつけているか確かめながら給餌する。

THE 2nd PERIOD　熱帯魚カタログ

ボルネオ・サッカープレコ
Gastromyzon punctulatus

分類 コイ目タニノボリ科　分布 インドネシア、マレーシア
水質 弱酸性〜中性　最大全長 5cm

全身のドットがきれいなタニノボリの仲間。発達した胸ビレと腹ビレで渓流の岩などに吸い付いて暮らすため、きれいな水と強い水流を好む。高水温に弱いので夏場は気をつける。ナマズ目のプレコとは全く別の種類。

ベトナム・バタフライプレコ
Sewellia lineolata

分類 コイ目タニノボリ科　分布 ベトナム、カンボジア、中国
水質 弱酸性〜中性　最大全長 5cm

強い水流の中でも、岩に着いていられるよう抵抗を受けにくい平らな体型をしている。酸素の多いきれいな水を好むので、ワンサイズ上のろ過フィルターで水流のある環境を作ってやると良い。輸入も少なく珍しい種類である。

✦ 名医ドクターフィッシュ ✦

　欧州では、古くから皮膚病を治す奇跡の魚として知られているガラ・ルファというコイの仲間がいます。ドクターフィッシュといえば、ご存知の方も多いのではないでしょうか。彼らの水槽の中に人間が手や足を入れると、一斉に近寄ってきて皮膚表面の古い角質をちょんちょんつつくように食べてくれます。さらに彼らは、35℃強の高い水温でも、生息ができるためトルコなどでは温泉の中にガラ・ルファを泳がせてあり、皮膚疾患をもつ人々が治療のために訪れています。

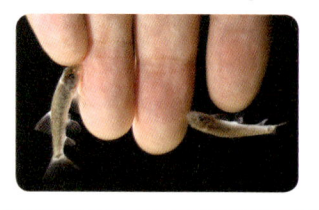

　その効果は、ドイツではアトピー性皮膚炎などに対しての医療行為として保険も適用できるほど認められています。

　幼魚のうちは群れで動き、人懐っこいですが、成長して数年たつと臆病になるため治療には幼魚が向いています。

分類 コイ目コイ科 ガラ属
分布 西アジア
水質 中性
最大全長 13cm

ガラ・ルファ
Garra rufa

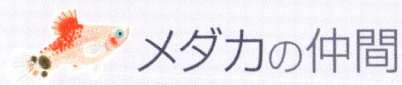

メダカの仲間

メダカの仲間は、美しいヒレをたなびかせて優雅に泳ぐ姿で、昔から人気が高い仲間のひとつです。メダカの仲間は、繁殖の方法により大きく3つに分けられます。普通に卵を産んで増える卵生メダカ、お腹の中で卵をふ化させてから産む卵胎生メダカ、そして哺乳類のように、子が親の体内でガス交換して産まれる真胎生メダカです。繁殖も容易なものが多く、東南アジアでブリードされたものが頻繁に日本へと輸入されています。是非上手く育てて、愛魚の子供が産まれる瞬間に立ち会ってください。

● 卵胎生メダカ

● グッピー
Poecilia reticulate var.

分類　カダヤシ目カダヤシ科
分布　改良品種（野生種はギアナ、ベネズエラ）
水質　中性〜弱アルカリ性　最大全長　4cm

最も有名な熱帯魚といっても過言ではない魚。グッピーという呼び名は、カリブ海トリニダード島で最初に発見した植物学者レクメア・グッピーからきている。性格も温厚で同種他種問わず、サイズの近い大人しい魚であれば問題なく混泳させることができる。メスよりもオスの方が一回り小さく美しいので簡単に見分けはつく。高水温が続くと、ヒレの病気になりやすいので夏場はファンクーラーなどを使って、25℃を上回らないように気をつけたい。

イエロータキシード（外国産）

メタリックレッドテール（外国産）

モザイク（外国産）

ブルーグラス（国産）

ドイツイエロータキシード（国産）

タキシード（メス）（外国産）

THE 2nd PERIOD　熱帯魚カタログ

● 卵胎生メダカ

● ブラック・モーリー
Poecilia sphenops var.

分類 カダヤシ目カダヤシ科　分布 メキシコ
水質 中性～弱アルカリ性　最大全長 8cm

色鮮やかな卵胎生メダカの中で、ひときわシックなブラックが際立った種。草食性で、水槽内のコケを食べる。オスの背ビレはメスより大きく、黄色く縁取られる。水質の変化に強く、とても丈夫で飼いやすい。

● セイルフィン・モーリー
Poecilia velifera

分類 カダヤシ目カダヤシ科　分布 メキシコ
水質 中性～弱アルカリ性　最大全長 12cm

オスの大きく広がった背ビレが帆のように見えることからセイルフィンと呼ばれる。求愛や威嚇の際にヒレを大きく開いてみせる。背ビレの模様がくっきり美しい個体を選ぶようにしたい。メスは背ビレがオスより小さい。

● バルーン・モーリー
Poecilia sphenops var.

分類 カダヤシ目カダヤシ科　分布 改良品種
水質 中性～弱アルカリ性　最大全長 6cm

セイルフィン・モーリーを短く丸く品種改良した種。基本的には、セイルフィン・モーリーと変わらないが、丸い体形のため泳ぎは上手くない。エサの選り好みもなく、何でも食べて丈夫なビギナー向けの種である。

● レッド・ソードテール
Xiphophorus helleri var.

分類 カダヤシ目カダヤシ科　分布 メキシコ南部、グアテマラ
水質 中性～弱アルカリ性　最大全長 8cm（♂5cm、♀8cm）

オスの尾ビレが、剣のように後方に伸びている。性転換する魚として有名で一度稚魚を産んだメスがオスになり、オスからメスになることはない。オス同士の争いがみられるが、他種と混泳させることで緩和できる。

● 卵胎生メダカ

● プラティ
Xiphophorus maculatus var.

分類 カダヤシ目カダヤシ科
分布 中央アメリカ、メキシコ、グアテマラ
水質 中性～弱アルカリ性
最大全長 5cm (♂ 4cm、♀ 6cm)

丸みのあるヒレと体がとてもかわいく、丈夫で性格も温和なため、グッピーと並んでビギナー向けの熱帯性メダカのひとつである。同種のオスの間でテリトリー意識はあるが、大抵傷つけるほどまで攻撃することはない。度々、尾ビレに三日月状の斑点がみられることからハーンフィッシュとも呼ばれる。繁殖させる時は、ウィローモスなどの水草を入れておくと、稚魚のいい隠れ家になる。

レッドミッキー

ホワイトミッキー

ハイフィンレッドトップミッキー

レッドムーン

サンセットムーン

ブルーミッキー（メス）

THE 2nd PERIOD　熱帯魚カタログ

● 卵胎生メダカ

● ハイフィン・ヴァリアタス
Xiphophorus variatus var.

分類　カダヤシ目カダヤシ科　分布　改良品種
水質　中性〜弱アルカリ性　最大全長　6cm

後方へと美しくたなびくベールのような背ビレが印象的な種。エサも選り好みせず、活発に泳ぎ回り、性格も温和なので飼いやすい。ビギナーでも混泳や繁殖を楽しむことができる。

● ベロネソックス
Belonesox belizanus

分類　カダヤシ目カダヤシ科　分布　中央アメリカ
水質　中性〜弱アルカリ性　最大全長　20cm

メダカの仲間では珍しい肉食魚。鋭くとがった口で魚を捕らえて食べるので、小型の熱帯魚との混泳はできない。泳ぎ回らないが、瞬発力があるので驚くと壁に激突して口先をいためてしまうことがある。

● 卵生メダカ

● アフリカン・ランプアイ
Aplocheilichthys normani

分類　カダヤシ目カダヤシ科　分布　西アフリカ
水質　中性〜弱アルカリ性　最大全長　3cm

眼の上がメタリックブルーに光るとても人気の高い種。体色も照明にあわせて様々な表情を見せる。性格も温和で混泳にも向いている。群れで泳がせることで本来の魅力が引き出される魚である。オスはメスより背ビレと尻ビレが大きい。

● クラウンキリー
Pseudepiplatys annulatus

分類　カダヤシ目アプロケイルス科　分布　西アフリカ
水質　弱酸性〜中性　最大全長　3cm

黄色と黒の縞模様の体色に、青と赤の尾ビレが他の熱帯魚にはない個性を出している。とても大人しく混泳向きであるが、小型なため大きめの魚との混泳は避けたい。学名からアニュレイタスの名でも知られている。

● 卵生メダカ

●アフィオセミオン・ガードネリー
Fundulopanchax gardneri

分類 カダヤシ目アプロケイルス科　分布 カメルーン、ナイジェリア、改良品種　水質 弱酸性〜中性　最大全長 6cm

鮮やかな赤、青、黄のウロコが作り出すモザイク柄が素晴らしく美しい。その色彩は、地域により異なることから、地名により区別されている。水質の変化にも強く、ペアで飼えば繁殖も望める。

●ノソブランキウス・エッゲルシィ
Nothobranchius eggersi

分類 カダヤシ目アプロケイルス科　分布 タンザニア
水質 中性　最大全長 5cm

鮮やかな赤とスカイブルーの体色がとても美しい卵生メダカで、地域が異なるとその色合いも変わる。水質の変化に敏感で、病気にもかかりやすいので、通常よりこまめな水換えを心がけてきれいに保つことが必要である。

✦ グッピーの出産に立ち会おう ✦

現在、観賞魚ショップにいるグッピーのほぼ全てが、国内外でブリード（繁殖）されたものとなっています。

繁殖は交配させたいオスとメスを同じ水槽内に泳がせておけば、自然に行われます。卵胎生メダカであるグッピーのオスには、精子をメスの体内に送り込むためにゴノポジウムと呼ばれる発達した尻ビレがあり、これを使ってメスの体内に精子を送り込みます。産まれた稚魚は、親に食べられてしまう可能性があるので別の水槽に移すか、稚魚の隠れ家となるウィローモスなどの水草を多く入れておくようにします。産まれた稚魚には稚魚用の人工飼料かブラインシュリンプをふ化させ与えて育てます。エサは成魚よりもこまめに与えましょう。

出産中！

稚魚

THE 2nd PERIOD　熱帯魚カタログ

シクリッドの仲間

シクリッドは、日本語でカワスズメのことで、カワスズメの仲間は外見的には背ビレが1つに側線が2つあることなどがあげられ、ディスカスやエンゼル・フィッシュなど熱帯魚界の大御所ともいうべき種類が含まれます。アフリカや中南米に多く分布するこの仲間の魅力はなんといっても生態にあり、口の中で卵や稚魚を育てるマウスブルーダーや体表からミルク状の液を出して稚魚に与えるディスカスなど是非雌雄ペアで飼ってその愛情あふれる生態を観察してください。

エンゼル・フィッシュ

分類 スズキ目シクリッド科　分布 アマゾン川
水質 弱酸性〜中性　最大全長 13cm

上下に伸びたヒレが優雅なネオンテトラやグッピーと肩を並べる熱帯魚の代表選手である。泳ぐ姿はやさしく見えるが、性質は荒く、同種のオス同士は特に争うのでペアで飼うか、混泳させたい魚を選ぶ時はショップで相談することが賢明。

並 *Pterophyllum scalare*

ブラック *Pterophyllum scalare var.* 　　ゴールデン *Pterophyllum scalare var.* 　　アルタム *Pterophyllum altum*

ディスカス

分類 スズキ目シクリッド科　分布 アマゾン川
水質 弱酸性〜中性　最大全長 18cm

ディスカスとは、一般的にシムフィソドン属をまとめた呼び名で、その高級感ただよう美しさから「熱帯魚の王様」といわれている。高タンパクなエサを与え、30℃弱の高水温とこまめな水換えを心がけるようにする。体表からミルク状の分泌液を出し、これを飲んで稚魚は育つ。

レッドスポット *Symphysodon aequifasciatus var.*

ヘッケル *Symphysodon discus*

ブルーダイヤモンド *Symphysodon aequifasciatus var.*

アピストグラマ・アガシジィ
Apistogramma agassizii

分類 スズキ目シクリッド科　分布 アマゾン川
水質 弱酸性〜中性　最大全長 8cm

アピストグラマ属の入門種。先端がシャープにとがったヒレがとても美しい。繁殖期のメスは黄色が鮮やかに発色する。ゆったりと45cm水槽に1ペアで泳がせたい。メスが卵や稚魚の世話をする。

パピリオクロミス・ラミレジー
Papiliochromis ramirezi

分類 スズキ目シクリッド科　分布 コロンビア
水質 弱酸性〜中性　最大全長 7cm

赤、黄、青の絵画のような体色が美しい小型シクリッドの代表的な人気種。丈夫で性格も温和なので混泳も可能なビギナー向けのシクリッドである。ドイツではじめに品種改良がされたことからドイツアピストとも呼ばれる。

アーリー
Sciaenochromis tryeri

分類　スズキ目シクリッド科　分布　マラウィ湖
水質　中性〜弱アルカリ性　最大全長　15cm

アフリカのマラウィ湖だけに住む固有種。鮮やかなブルーの体色が熱帯産海水魚かと思うほど。難しそうに思えるが飼いやすくビギナー向けの種。現在では東南アジアでの養殖が盛んに行われている。弱アルカリ性の硬水を心がけたい。

アウノロカラ・ヤコブフレイベルギ
Aulonocara jacobfreibergi

分類　スズキ目シクリッド科　分布　マラウィ湖
水質　中性〜弱アルカリ性　最大全長　12cm

鮮やかなブルーとオレンジが溶けあう美しい体色のマラウィ湖固有種。エサの選り好みもなく、飼いやすいが、性質は荒く、特に発情期のオスは、他種ならず同種のメスを攻撃することもある。

ディミディオクロミス・コンプレシケプス
Dimidiochromis compressiceps

分類　スズキ目シクリッド科　分布　マラウィ湖
水質　中性〜弱アルカリ性　最大全長　20cm

通称コンプレ。平たい体形に長い顔が特徴的なマラウィ湖固有種。水草などに隠れて待ち伏せし、小魚を吸い込むように食べる。メスはオスよりひと回り小さく産卵後、口の中で卵を育てるマウスブルーダーである。

ゴールデンゼブラ・シクリッド
Pseudotropheus lombardoi

分類　スズキ目シクリッド科　分布　マラウィ湖
水質　中性〜弱アルカリ性　最大全長　10cm

幼魚の体色は明るいブルーで、成長するとオスは鮮やかなオレンジ色になる。草食性だが縄張り意識が強いので、水槽には流木や石などでパーテーションを作ってやるとよい。

ネオランプロログス・ブリチャージ
Neolamprologus brichardi

分類 スズキ目シクリッド科　分布 タンガニイカ湖
水質 弱アルカリ性　最大全長 10cm

明るいベージュの体色に、ライヤーと呼ばれる端が後方へと伸長したヒレが印象的なタンガニイカ湖固有種。英名でフェアリー・シクリッドといわれるように、妖精のようなやさしい雰囲気を持っている。丈夫で飼いやすく、性格も温和である。

テキサスシクリッド
Herichthys carpinte

分類 スズキ目シクリッド科　分布 メキシコ北部
水質 弱酸性～中性　最大全長 20cm

幼魚のうちは、地味な印象があるが、成熟するとメタリックなスカイブルーのウロコに覆われる。まさに知る人ぞ知る美しい魚である。性質はとても荒いので、1匹かペアでの飼育が基本となる。

アノマロクロミス・トーマシー
Anomalochromis thomasi

分類 スズキ目シクリッド科　分布 ギニア、シェラレオーネ
水質 弱酸性～中性　最大全長 7cm

ブルースポットが美しいアフリカ産ドワーフシクリッドの入門種。水質の変化に強く、丈夫な魚である。状態がいいと、素晴らしい美しさになる。水槽内に発生する貝類を食べて駆除してくれることでも有名。

ジュルパリ
Satanoperca leucosticta

分類 スズキ目シクリッド科　分布 アマゾン川
水質 中性　最大全長 20cm

全身にメタリックパールのスポットが美しい種。昔から東南アジアで養殖された幼魚がよく輸入されている。性格は温和で混泳向き。底砂ごと吸い込んでエサを食べるので、たびたび水草も掘り返されてしまう。マウスブルーダーである。

THE 2nd PERIOD　熱帯魚カタログ

パロット・ファイヤー
Theraps synspilus × Amphilophus cutrinellum

分類　スズキ目シクリッド科　分布　人工交雑種
水質　中性　最大全長　20cm

テラプス・シンスピルムとフラミンゴ・シクリッドという２種を人工的に交配して作り出した種。熱帯の金魚といった印象を受ける体形と体色に、笑っているような口でアジアでは人気がある。アジア・アロワナと混泳させているところをよく見かける。

フラワーホーン
Amphilophus cutrinellum × Cichlasoma trimaculatum × ...

分類　スズキ目シクリッド科　分布　人工交雑種
水質　弱酸性〜中性　最大全長　30cm

フラミンゴ・シクリッド、シクラソマ・トリマキュラータムという２種を基本に中米産のシクリッド数種類を交配させて作り出した種。その色鮮やかさから東南アジアなどで人気がある。気が荒いので基本的に１匹で飼育する。

オスカー
Astronotus ocellatus

分類　スズキ目シクリッド科　分布　アマゾン川
水質　弱酸性〜中性　最大全長　30cm
幼魚

昔は学名のアストロの名で売られていたが、最近は英名のオスカーで知られている。かわいい幼魚をよく見かけるが、大型になるので水槽は90cm以上を用意したい。気が強く堂々と泳ぐ様がかっこよく、また人懐っこい。エサも何でもよく食べる。

✦ 愛らしいペットフィッシュ ✦

　熱帯魚の中には人に良く馴れてある程度コミュニケーションをとれるペットフィッシュと呼ばれる魚がいます。例えば、オスカーは幼魚の内から好奇心が強く、愛情をかけて育てていると水槽内から熱い視線を送ってきたり、エサを手から直接食べるようになります。他にも頭がよく、人によく懐く種類が多くいるので、あなたに合ったペットフィッシュを是非見つけてください。

ペットフィッシュに向くその他の熱帯魚

大型ナマズ、ベタ、スネークヘッド、グーラミィなど

ナマズの仲間

ナマズの仲間には、なんともいえないブサ可愛さをもつ個性的な種類が多くいます。一般的には、珍しい魚のように思われがちですが世界中に分布し、その種類は実に2000種を超える大きなグループです。ナマズの特徴といえば、なんといってもヒゲです。その本数は種類や成体か幼魚によって様々です。透けた体をもつものや常にさかさで泳ぐもの、さらには電気を使って狩りをするものなど、とても個性的で魅力があふれる熱帯魚たちです。

レッドテール・キャット
Phractocephalus hemioliopterus

分類 ナマズ目ピメロドゥス科　分布 アマゾン川
水質 中性　最大全長 100cm以上

日本のナマズに通じる扁平で幅広の頭部をした大型ナマズ。成魚になると尾ビレが真っ赤に染まる。ショップでは、5cm前後のかわいい幼魚をよく見かけるが、成長速度が速く約半年で90cm以上の水槽が必要な大きさになる。

ゼブラタイガー・キャット
Brachyplatystoma tigrinum

分類 ナマズ目ピメロドゥス科　分布 アマゾン川上流域
水質 弱酸性〜中性　最大全長 70cm以上

扁平で長い頭部に白と黒のゼブラ柄が美しい大型ナマズ。成長すると縞が斜めになり、尾ビレの端が細長く伸びる。見た目のインパクトの割に繊細で大人しいが、肉食魚なので口に入るサイズの魚との混泳は避ける。

バトラクス・キャット
Asterophysus batrachus

分類 ナマズ目アウケニプテルス科　分布 ペルー
水質 中性　最大全長 20cm

ナマズの中でも特に大きく裂けたような受け口が特徴的な種。体形もずんぐりとしており泳ぎも上手くない。自分くらいの体長の魚も食べようとするので、単独飼育が基本である。

トランスルーセント・グラスキャット
Kryptopterus bicirrhis

分類 ナマズ目シルルス科　分布 タイ、インドネシア
水質 中性　最大全長 9cm

まさにガラスのように透き通った体をした人気種。性質は大人しく、ナマズ目の中でも昼行性であるため、他魚と混泳させると中層を群れをなして泳ぎとても美しい。丈夫でとても飼いやすいビギナー向けの魚である。

サカサナマズ
Synodontis nigriventris

分類 ナマズ目サカサナマズ科　分布 コンゴ川
水質 弱酸性〜中性　最大全長 8cm

その名のとおり頭と背中を下に向けて泳ぐ姿で有名なナマズ。丈夫でエサも選り好みせずよく食べ飼いやすい。性質も温和なため、混泳水槽にインパクトが欲しい時にもってこいの魚である。

チャカ・バンカネンシス
Chaca bankanensis

分類 ナマズ目チャカ科　分布 インドネシア
水質 中性　最大全長 20cm

上から押しつぶしたような平らな体形が特徴的な種。水槽の底でほとんど動かないので混泳も可能だが、大きな口でかなりの大きさの魚まで食べてしまうので注意する。近縁種のチャカ・チャカより体色に少し赤みがある。

バンジョー・キャット
Bunocephalus coracoideus

分類 ナマズ目アスプレド科　分布 アマゾン川
水質 中性　最大全長 10cm

楽器のバンジョーに形が似ているところから名前がつけられた。扁平な体形で、水槽の底で枯葉のように静かにたたずむ。夜行性なので、照明を消してからエサを与えるようにするとよい。

カイヤン
Pangasius sutchi

分類　ナマズ目パンガシウス科　分布　タイ
水質　中性　最大全長　60cm以上

左右に離れた眼にサメのような体形が印象的な種。ナマズの中では、泳ぎが上手く水槽の中域を常に泳ぎ回る。成長が早く、かなり大きくなるが、性格は温和であるため大型魚を集めた混泳水槽に向いている。

ロイヤル・プレコ
Panaque nigrolineatus

分類　ナマズ目ロリカリア科　分布　コロンビア
水質　中性　最大全長　30cm

昔から輸入されている最も一般的なプレコのひとつ。ガラス面や流木などのコケを強力な口でなめとる。混泳の魚の体表をなめて傷つけるので注意する。酸素濃度が高く、強めの水流を好む。

セルフィン・プレコ
Glyptoperichthys gibbiceps

分類　ナマズ目ロリカリア科　分布　ネグロ川
水質　中性　最大全長　50cm

とても大きな背ビレが印象的な人気プレコ。個体によって異なる斑紋が美しい。丈夫で飼いやすいが、成長速度が速く大型になることや成長すると性質も荒くなるので、混泳させるなら超大型魚水槽にする。

インペリアルゼブラ・プレコ
Hypancistrus zebra

分類　ナマズ目ロリカリア科　分布　シングー川
水質　中性　最大全長　10cm

そのブルーがかったゼブラ柄の美しさから、常に高い人気を誇るプレコ。酸素濃度が高く強い水流を好むのでフィルターは大きめのものにする。乱獲が続いたため、現在ではブラジル政府によって保護され、輸入が規制されている。

THE 2nd PERIOD　熱帯魚カタログ

タイガー・プレコ
Peckoltia vittata

分類　ナマズ目ロリカリア科　分布　アマゾン川
水質　中性　最大全長　8cm

濃い茶色の体色にシンプルな縞模様で、古くから絶えず人気がある種。丈夫で小型なため飼いやすいとされるが、たいていの水草を食べるので、水草水槽にいれる時は、エサやりの頻度などに注意する。

トライアングル・ロリカリア
Pseudohemiodon sp.

分類　ナマズ目ロリカリア科　分布　パラグアイ川
水質　中性　最大全長　20cm

頭部を上から見ると三角形の形をしている。下を向いた口の周辺には、枝分かれした複数のヒゲがあり、これで底砂内の生物を探して食べる。プレコと同じように、酸素濃度の高い水を好む。

ファロウェラ
Farlowella acus

分類　ナマズ目ロリカリア科　分布　アマゾン川
水質　弱酸性〜中性　最大全長　18cm

小枝のような細長い体であるが見た目より丈夫で飼いやすい。水中の流木などについたコケを食べる。酸素濃度が高く、強い水流を好むので、水槽に対して大きめのろ過フィルターを取りつけるとよい。

オトシンクルス
Otocinclus vittatus

分類　ナマズ目ロリカリア科　分布　アマゾン川
水質　弱酸性〜中性　最大全長　5cm

コケ取りで有名な種。小型魚の混泳水槽に発生するコケを駆除するためによく導入されるが、一匹あたりのコケ取り能力はさほど高くないので、なるべく数多く入れるようにするとよい。丈夫で性質も温和でとても飼いやすい。

コリドラス

分類 ナマズ目カリクティス科　**分布** アマゾン川
水質 弱酸性～中性　**最大体長** 5～6cm

南米の小型ナマズの代表ともいえるべき魚。非常に多くの種類と個体による差がありビギナーからベテランまで幅広く愛されている。下を向いた口で水槽の底に落ちたエサを食べるため「お掃除屋さん」といわれる。エサのにおいに反応して底砂をつついて回る様を見て、十分に食べていると勘違いして餓死させてしまうことがあるので、コリドラス向きの沈むエサを、実際に食べているか確かめながら与えるようにする。

コリドラス・アエネウス・アルビノ（白コリ）
Corydoras aeneus var.
分布 改良品種　**最大全長** 6cm

コリドラス・アエネウス
Corydoras aeneus
分布 南米
最大全長 6cm

コリドラス・ジュリー（赤コリ）
Corydoras julii
分布 南米
最大体長 5cm

コリドラス・ステルバイ
Corydoras sterbai
分布 グァポレ川
最大全長 6cm

コリドラス・パレアタス
Corydoras paleatus
分布 パラナ川
最大全長 6cm

コリドラス・パンダ
Corydoras panda
分布 パチテア川
最大全長 5cm

✦発電ナマズ✦

熱帯魚好きでなくても、名前が知られている有名な魚のひとつのデンキナマズ。6本のヒゲに小さな目、なんともとぼけた愛らしい顔をしているこの魚は、名前の通り発電することができるアフリカ産の熱帯魚です。体の表面近くに発電器官を持っていて、頭がマイナス、尾がプラスとなっています。電気はエリを探したり捕まえたりするのに使い、最大電圧は、約400ボルトにも達します。飼う時は単独で飼育し、むやみに手を入れないようにしましょう。

デンキナマズ *Malapterurus electricus*
分類 ナマズ目デンキナマズ科
分布 アフリカ
水質 中性
最大全長 30cm

THE 2nd PERIOD　熱帯魚カタログ

ラビリンスフィッシュの仲間

ラビリンスフィッシュの仲間の特徴は特殊なエラを使って空気呼吸ができることです。エラ蓋の上部にラビリンス器官（上鰓器官）という補助呼吸器官をもち、息継ぎするように口先を水面から出し、空気中から直接酸素を取り入れることができます。自然界では流れの少なく水草が生い茂るような環境を好み、水中の酸素が少なくても問題なく生活することができます。さらに口から出す泡で巣を作るなど特徴的な繁殖生態も魅力的です。

ベタ
Beta splendes var.

分類　スズキ目キノボリウオ亜目オスフロネムス科
分布　改良品種
水質　弱酸性〜中性　最大全長 6cm

タイ原産のベタ・スプレンデンスを観賞用に体色やヒレを鮮やかにしたものをトラディショナルといい、さらにコンテストで競い合うために美しくしたものをショー・ベタと呼ぶ。タイでは、闘魚としても有名で同種のオス同士は激しく争うので同じ水槽では飼えない。他種には、意外と温和な面もあるので混泳は可能であるが、グッピーなど見た目が近いものとは避けるようにする。ヒレをきれいに保つためにきれいな水を保つようにする。

トラディショナル（オス） 　　トラディショナル（メス） 　　ショー・ベタ ハーフムーン

ショー・ベタ クラウンテール 　ショー・ベタ スーパーホワイト 　ショー・ベタ メタリカイエロー

ドワーフ・グーラミィ
Colisa lalia

メス

オス

分類 スズキ目キノボリウオ亜目オスフロネムス科　分布 インド、バングラデシュ　水質 弱酸性〜中性　最大全長 6cm

ブルーとオレンジの細い縞模様がとても鮮やかで美しいグーラミィの代表的な種。非常に丈夫で、性質も温和なため混泳に向いている。水草を入れると繁殖も可能で、オスが泡で巣を作り、卵を守る姿を見ることができる。

ゴールデン・ハニーグーラミィ
Colisa sota var.

分類 スズキ目キノボリウオ亜目オスフロネムス科　分布 改良品種　水質 弱酸性〜中性　最大全長 5cm

全身が鮮やかな淡いオレンジに染まる美しい種。丈夫で温和なので、とても飼いやすく、ビギナー向けの魚である。繁殖期のオスは喉の辺りがダークブルーに染まり、特に美しい。

レッド・ハニーグーラミィ
Colisa sota var.

分類 スズキ目キノボリウオ亜目オスフロネムス科　分布 改良品種　水質 弱酸性〜中性　最大全長 5cm

ブラッドオレンジの体色に透明感のある尾ビレが印象的な種。成長するにしたがって鮮やかになるグラデーションの美しさとその飼いやすさから人気が高い。エサも選り好みせず性格も温和なので混泳にも向いている。

パール・グーラミィ
Trichogaster leeri

分類 スズキ目キノボリウオ亜目オスフロネムス科　分布 タイ、インドネシア、マレーシア　水質 弱酸性〜中性　最大全長 12cm

体側のブラックラインと全身の真珠のようなスポットがとても美しい種。さらにオスは発情すると喉元から腹にかけて鮮やかなオレンジ色に染まる。ペアで飼えばオスの泡巣作りも観察できる。

THE 2nd PERIOD　熱帯魚カタログ

キッシング・グーラミィ
Helostoma temminckii var.

分類　スズキ目キノボリウオ亜目ヘロストマ科　分布　改良品種
水質　弱酸性〜中性　最大全長　20cm

キスをする姿が有名な魚。求愛行動のように思ってしまうが、オス同士でテリトリーなどを争う一種の闘争行動である。草食性が強いため、水草を食べてしまう。気が強いので、混泳には不向きである。

レオパード・クテノポマ
Ctenopoma acutirostre

分類　スズキ目キノボリウオ亜目アナバス科　分布　コンゴ
水質　弱酸性〜中性　最大全長　15cm

褐色の体にヒョウ柄のようなブラックスポットが印象的な種。同種の間でテリトリー意識が非常に強く、複数飼育の場合は石や流木で隠れ場所を作ってやるとよい。成長するとより迫力のあるジャガーのような模様になる。

レインボー・スネークヘッド
Channa bleheri

分類　スズキ目タイワンドジョウ亜目タイワンドジョウ科
分布　インド　水質　弱酸性〜中性　最大全長　15cm

スネークヘッド（雷魚）の中でも小型で、赤や青のカラフルな体色から人気の高い種。人によく馴れて水槽内からこちらを見つめてエサをねだってくる姿がかわいい。同種間で争うので1匹飼いが基本。飛び出しやすいのでしっかりとフタをする。

✦ 木登りする魚？ ✦

キノボリウオという名の熱帯魚がいます。なんとも気になる名前ですよね。木に登る魚なのかと思いきや、実はそうではありません。キノボリウオは、ラビリンス器官をもち空気呼吸ができるので、湿ってさえいれば泥の中や陸上でしばらく生きられます。そのイメージが発展して名付けられたのでしょう。キノボリウオは、アナバスとも呼ばれます。

キノボリウオ
Anabas testydineus

分類　スズキ目キノボリウオ亜目キノボリウオ科
分布　東南アジア
水質　弱酸性〜中性
最大全長　20cm

古代魚の仲間

古代魚とは、恐竜が生きていたような遠い昔からその姿をほとんど変えずに生き残ってきた「生きている化石」といわれる魚たちです。ポリプテルスのように多くの背ビレをもつものやハイギョのように原始的な肺をもつものなどその見た目、生態ともに非常にユニークで貴重な種類が多いのが特徴です。全体的に肉食性が強く、大きく成長するものが多いのも特徴で、環境変化に強く丈夫で寿命も長いので、長い付き合いになる魚たちです。

シルバー・アロワナ
Osteoglossum bicirrhosum

分類 アロワナ目アロワナ科アロワナ亜科　分布 ブラジル、ギアナ　水質 中性　最大全長 100cm以上

南米産のアロワナの代表的な種。最大で1mを越すシルバーホワイトのしなやかな体はまさに圧巻。養殖された人差し指ほどの大きさの幼魚が多く輸入されている。水面に落ちてきた昆虫などを食べるため人工のエサは浮くものがよい。

エレファントノーズ
Gnathonemus petersii

分類 アロワナ目モルミルス科モルミルス亜科
分布 中央アフリカ　水質 弱酸性～中性　最大全長 20cm

象の鼻のように長く伸びた下あごが特徴的な種。この長く伸びた吻で水底の泥の中にいるイトミミズなどを捕食する。さらに体から微弱な電流を出し、レーダーのように使うことでも有名。飼いやすいが、生餌を好む傾向がある。

アジア・アロワナ
Scleropages formosus

分類 アロワナ目アロワナ科アロワナ亜科　分布 マレーシア、インドネシア　水質 中性　最大全長 60cm

南米産アロワナよりも太くてどっしりとした体形と大きなウロコがとても美しい。中国では龍魚といわれるほど、成長した姿は実に神々しい。ワシントン条約で保護されており原産地で養殖されたものが輸入されている。

THE 2nd PERIOD　熱帯魚カタログ

バタフライ・フィッシュ
Pantodon buchholtzi

分類 アロワナ目パントドン科　**分布** ニジェール川、ザンベジ川　**水質** 弱酸性〜中性　**最大全長** 15cm

蝶のように大きく広がった胸ビレが特徴的な種。アロワナのように水面に落ちる昆虫などを捕食しているので、エサは人工の浮くものか小魚、コオロギなど生きたものがよい。学名のまま、パントドンとも呼ばれる。

スポッテッド・ナイフフィッシュ
Chitala ornata

分類 アロワナ目ナギナタナマズ科　**分布** ラオス、タイ、ミャンマー、ベトナム、カンボジア　**水質** 中性　**最大全長** 80cm以上

まさにナイフのようなダークシルバーの体に黒のスポットが印象的な種。幼魚のころは体高も低く、成長とともに高くなり迫力が増す。夜行性の肉食魚で、単独飼育が基本である。インディアンナイフの通称でも有名。

プロトプテルス・ドロイ
Protopterus dolloi

分類 レピドシレン目プロトプテルス科　**分布** コンゴ川　**水質** 中性　**最大全長** 80cm以上

アフリカ産ハイギョの代表的な種。ハイギョの中でもひときわ細長い体が特徴で、5cmほどのドジョウのような幼魚がよく輸入されている。ハイギョの仲間は、とぼけた顔の割に気性が荒いので、必ず単独で飼育する。

ネオケラトゥドゥス
Neoceratodus forsteri

分類 ケラトゥドゥス目ケラトゥドゥス科　**分布** オーストラリア　**水質** 中性　**最大全長** 100cm以上

ネオケラの通称で知られるオーストラリア産ハイギョ。ワシントン条約で保護されており、養殖された個体のみ輸入されている。シーラカンスのように世界的にも貴重な魚で、惜しみない愛情をもてないと飼うことはできない。

ポリプテルス・エンドリケリー
Polypterus endlicheri endlicheri

分類 ポリプテルス目ポリプテルス科　分布 スーダン、コートジボアール　水質 中性　最大全長 60cm

恐竜を思わせる羽のような無数の背ビレが特徴的なポリプテルスの代表種。丈夫で性格も温和なため、大きささえ注意すれば混泳も可能。２つに分かれた浮袋を肺のように使い空気呼吸する。幼魚は両生類のような外鰓をもつ。

スポッテッド・ガー
Lepisosteus oculatus

分類 ガー目ガー科　分布 テキサス、フロリダ　水質 中性　最大全長 50cm以上

ワニのような吻をもつ、ガーパイクの中で最も小型の種類。全身のスポットの美しさから人気も高い。とても丈夫で飼いやすいが、成長が早く、体に柔軟性がないので、水槽は奥行きのある大きいもの用意する。

ジムナーカス
Gymnarchus niloticus

分類 アロワナ目ジムナーカス科　分布 北アフリカ　水質 中性　最大全長 100cm以上

細長い体には尾ビレ、尻ビレ、腹ビレを持たず、背ビレを波打たせながら前進後進と自在に泳ぐ。稚魚が多く輸入されているが、成長が早く成体は見た目以上にかなり凶暴なので飼うにはかなりの覚悟がいる。

✦ 日本に住み着く巨大魚 ✦

　3mを超える個体記録があるアリゲーター・ガーは、世界最大の淡水魚のひとつ。日本の観賞魚ショップでも度々20cmほどの幼魚を目にします。本来、北アメリカに住むこの魚が近年、日本の河川で帰化している姿が目撃されています。成長すると、水族館級の設備と大量のエサが必要になるため飼いきれなくなり、川などに捨ててしまう人がいるということです。１つの命を飼う以上、責任をもって扱ってほしいものです。

分類 ガー目ガー科　分布 ミシシッピ川　水質 中性　最大全長 200cm以上

アリゲーター・ガー　*Atractosteus spatula*

THE 2nd PERIOD　熱帯魚カタログ

その他の仲間

グループとしては小規模ですが、まだまだ魅力的な熱帯魚たちはいます。
長く伸びたヒレに鮮やかな体色が特徴的なレインボーフィッシュの仲間や、海水と淡水が混ざり合う汽水域で生息しているものなど、見た目・生態ともに個性的な熱帯魚たちを紹介します。

ニューギニア・レインボー
Iriatherina werneri

分類 トウゴロウイワシ目メラノタエニア科　**分布** ニューギニア南部、オーストラリア北部　**水質** 中性　**最大全長** 5cm

大きく特徴的な美しいヒレをもつレインボーフィッシュの仲間の代表的な種。オス同士が争うとき、ヒレを大きく広げて見せ合う姿は圧巻。口が小さいのでエサの大きさに注意する。東南アジアでブリードされたものが輸入されている。

バタフライ・レインボー
Pseudomugil gertrudae

分類 トウゴロウイワシ目プセウドムギル科　**分布** ニューギニア、オーストラリア　**水質** 中性　**最大全長** 3cm

オスのピンと伸びた背ビレと腹ビレが印象的である。ニューギニア・レインボーよりも生息域が広く、体色は地域ごとに多少異なる。比較的丈夫で飼いやすく、水草を多く植えた水槽にペアで飼えば繁殖も可能である。

ゴールデン・デルモゲニー
Dermogenys pusillus var.

分類 ダツ目サヨリ科　**分布** タイ、マレーシア　**水質** 弱酸性〜中性　**最大全長** 5cm

突き出した下アゴが特徴的な魚。サヨリの仲間であるが、汽水域から川の上流や水路など広く生息している。絶えず水面近くを泳いでいるので、エサは水に浮くタイプのものがよい。テリトリー意識が強いので広い水槽で飼うようにする。

ミドリフグ
Tetraodon nigroviridis

分類 フグ目フグ科　分布 東南アジア
水質 弱アルカリ性　最大全長 8cm

黄緑色の体に黒のスポットがとてもかわいい小型のフグ。その見た目から人気が高く、他の熱帯魚と混泳させたくなるが、気性は荒く同居している魚のヒレをかじったりする。淡水でも飼えるが長期飼育する場合は汽水が好ましい。

アベニー・パファー
Carinotetraodon travancoricus

分類 フグ目フグ科　分布 インド
水質 中性　最大全長 4cm

最も小型の淡水フグのひとつ。完全な淡水で飼育することができるが、人工のエサに慣れにくく生餌を好む傾向がある。いつの間にか水槽内に発生して困る小さな貝をよく食べてくれる。他の魚との混泳はやや難しい。アベニールフグとも呼ばれる。

ライオン・フィッシュ
Halophryne tryspinosus

分類 ガマアンコウ目ガマアンコウ科　分布 タイ、マレーシア
水質 弱アルカリ性　最大全長 20cm

岩のような体に独特な面構えが印象的な魚。危険を感じるとグーッと鳴くことでも有名。主に川の下流に生息しているため、水槽の水は汽水で飼育する。小魚など生きたエサを好むので、単独での飼育が基本となる。

淡水エイ (モトロ・スティングレイ)
Potamotrygon motoro

分類 エイ目ポタモトリゴン科　分布 アマゾン川
水質 弱酸性〜中性　最大全長 40cm 以上

オレンジのスポットが大変美しい淡水エイの代表種。エイの中では比較的丈夫で飼いやすい。エサは、小魚など生きたものを好むが、人工のエサにも慣れる。尾ビレに毒針があるので、扱いには注意が必要である。

ダトニオ
Datnioides pulcher

分類 スズキ目ダトニオイデス科　分布 タイ、ラオス、カンボジア　水質 中性　最大全長 60cm

ダトニオイデスの仲間の中でも最もポピュラーな種。黄色の体に黒の太いバンドがとても美しく人気がある。肉食であるが性格は荒くないので、大型水槽での混泳に適している。シャム・タイガーの名でも知られている。

リーフフィッシュ
Monocirrhus polyacanthus

分類 スズキ目ポリケントルス科　分布 アマゾン川　水質 弱酸性〜中性　最大全長 10cm

水中をただよう枯葉にそっくりな魚。あまり泳がずにじっと枯葉に擬態して、通りがかった小魚を吸い込むように捕食する。強い水流を嫌うので、ろ過フィルターは水の勢いを弱く調節できるものにする。

バディス・バディス
Badis badis

分類 スズキ目バディス科　分布 タイ、マレーシア　水質 弱酸性〜中性　最大全長 5cm

真っ青に染まったヒレがとても美しい種。体色が赤や青に変化することからカメレオン・フィッシュと呼ばれることもある。丈夫で飼いやすく、水槽内で発生する貝類を食べてくれる。

スカーレット・ジェム
Dario dario

分類 スズキ目バディス科　分布 インド　水質 中性　最大全長 3cm

とても鮮やかな赤い体色に、ヒレを縁取るブルーがとても美しい。非常に小型なので、稚魚用のエサやブラインシュリンプなどを与えるとよい。オスに比べてメスの輸入が極端に少ない。

パープルスポッテッド・ガジョン
Mogurnda adspersa

分類　スズキ目カワアナゴ科　分布　オーストラリア
水質　中性　　最大全長　15cm

赤、青、黄のモザイク模様が美しい種。丈夫で飼いやすいが、肉食で性質が荒く同サイズの魚を攻撃するので、基本的に単独で飼育する。

✦ 水面下のスナイパー ✦

　鉄砲魚の呼び名で有名な魚アーチャーフィッシュは、文字通り射手のように口から水を飛ばして水面上の虫を打ち落とす、まさに熱帯魚界のスナイパーです。口の中には、先に行くほど幅が狭くなった溝があり、エラ蓋を勢いよく閉じてこの溝に水を送り込むことで水を飛ばせるようになっています。その射程距離は成魚になると、約1mにもおよび、命中率も高くなります。

（☞ P83に決定的瞬間が！）

分類　スズキ目テッポウウオ科
分布　インド、東南アジア、北オーストラリア
水質　中性〜弱アルカリ性
最大全長　25cm

アーチャーフィッシュ *Toxotes jaculatrix*

素敵なショップはPRICELESS！

　よい観賞魚ショップと聞いてどんなショップを思い浮かべますか。品数が多い？ 家から近い？ 値段が安い？ それぞれとても魅力的な条件ですが、私がおすすめするのは熱帯魚のことを愛している店員さんのいるショップです。

　観賞魚ショップはただ魚を仕入れて売っているわけではありません。病気の魚や輸送で弱った魚の体調を整えて元気な状態に戻してあげたり、売れるまでの間、毎日世話をしているわけで、そこに愛情があるかどうかは持ち帰った魚が長生きできるかどうかや水槽に早く慣れてくれるかどうかに大きく影響してきます。

　今度ショップに行った時、飼おうと思う熱帯魚について店員さんと是非立ち話をしてみてください。愛情のある店員さんなら、その魚が普段どんな感じで店にいるのか細かいところまで教えてくれます。熱帯魚の飼い始めは、いろいろと気になることが出てきます。その相談を気軽に出来る店員さんがいるということが私は一番大切だと思います。是非あなたにとってプライスレスになるショップを見つけてください。

AQUARIUM BOOK COLUMN
◆ TROPICAL FISH

泳ぎが うまい魚は 紡錘型(ぼうすいけい)

熱帯魚の 口の形と 食べものの関係

　熱帯魚の形は、その生態に大きくかかわっています。たとえば、レッドライン・トーピードやネオン・テトラのような一般的に流線型といわれる形は「紡錘型」といい、水の抵抗を受けにくく、速く長い時間泳ぎやすい利点があり、群れで暮らす種類に多くみられます。一方、ピラニアのようなひし形で薄い形は「側扁型(そくへんけい)」といい、急な方向転換に向いていて、水草など障害物が多い場所に住む種類に多くみられます。また、チャカ・バンカネンシスのような「縦扁型(じゅうへんけい)」は、泳ぎ続けなくても水底で体を安定させることができ、待ち伏せて捕食するのに適していますし、クーリー・ローチのような細長い「延長型(えんちょうけい)」も、岩や流木の隙間など狭い場所を這うように進むのに適しています。その他、水槽内での泳ぐ深さも「紡錘型」は中層から上層、「側扁型」は中層から下層、「縦扁型」と「延長型」は下層と形からわかります。

　熱帯魚の食べものは種類によって実に多種多様です。観賞魚ショップでは各種類に合わせた人工飼料などが並んでいますが、自然界ではいったい何を食べているのでしょうか？
　それは魚の口や歯を見ればだいたい分かります。例えば、ピラニアの口は下アゴが出ていて歯はカミソリのように薄く鋭くできている事から肉を削ぎとるのに向いているので、大きな魚などを集団で襲っていることが分かります。それに対してレッドテール・キャットフィッシュの口は体に対して大きく歯は小さいものが無数に並んでいることから、魚を噛み切らずに丸呑みしていることが分かります。コイの仲間の口は吸い込むようにできていて、喉の奥に咽頭歯(いんとうし)と呼ばれるすりつぶすのに適した歯があることから、藻類や小さな動物などを食べる雑食性であることが分かります。
　このように口と歯を見ることで肉食・草食・雑食だけでなく、魚を食べるのか？微生物を食べるのか？コケを食べるのか？水草を食べるのか？など様々な生態が見えてくるのです。

AQUARIUM BOOK COLUMN

熱帯魚の模様はなんのため？

　熱帯魚の模様には、それぞれ意味があるとされています。例えば、リーフフィッシュは、枯葉のような模様で身を隠して獲物を狙い、トランスルーセントは、体が透明であるため、どんな景色にも溶け込むことができます。さらに一見目立つように思えるレインボースネークヘッドのような細かい模様も、他から見た時、眼がちらついて遠近感をなくす効果があると考えられています。このように他から見づらくさせるための色や模様を「保護色(ほごしょく)」といいます。
　一方、ベタやエンゼル・フィッシュのように、発情を異性に知らせる「婚姻色(こんいんしょく)」や、アフリカ産シクリッドのように、縄張りをアピールする鮮やかな色彩など、他に自らの存在を知らせるための色や模様を「標識色(ひょうしきしょく)」といいます。標識色は、敵からも見つかる可能性が高くなりますが、そんな環境を生き抜く強い個体が残ることで、優秀な遺伝子を残す意味もあると考えられています。

引越しは1ヶ月後が危険!?

　引越しや部屋の模様替えで、水槽を移動したい時には、どういったことに注意すればいいのでしょうか？
　45cm以下の水槽であれば気をつけながらまるごと運ぶことも出来ますが、60cm以上の水槽では熱帯魚をビニール袋につめ、水槽は水を抜いて運び、新しく設置しなおすことになります。この時に水やろ過フィルターなど全てをきれいにしてしまうと、はじめは問題なく熱帯魚は泳いでいますが、およそ1ヶ月ほど経った時にいっせいに窒息死してしまう「ニュータンクシンドローム」という現象が起こってしまいます。これはアンモニアを有毒な亜硝酸塩に変えるニトロソモナスが、時間差で急増することによりおこるもので、これを防ぐためにも、水槽を引っ越す時は面倒でも飼育水を捨てずにビニール袋で小分けにして持っていき、ろ過フィルターも洗わないようにして、バクテリアも一緒に引越しさせるようにすることが大切です。

STUDY　CATALOG　**LIVING**　CARE　PLAYING　DISEASE

THE 3rd PERIOD　いよいよ飼育スタート！

飼育に必要なグッズをそろえよう

さぁ熱帯魚を飼い始める準備をしましょう。まずは p4 〜 5 でも簡単にふれた飼育に必要なアイテムです。各飼育グッズの特徴を知りながら、自分の飼おうと考えている魚の種類や水槽のイメージに合ったグッズを選んでいきましょう。

★ お買い物チェック表

飼いたい熱帯魚が決まったら、水槽の置き場所を測って、このチェック表をもってショップに行きましょう。お店の人に相談しながらリストをチェックしていってください。

飼いたい熱帯魚		匹	✓	水　槽	✓	中和剤
		匹		水槽台	✓	照　明
		匹	✓	ろ過フィルター	✓	バクテリア
		匹	✓	ろ過材	✓	エアーポンプ
水槽の置き場所	横　幅	cm	✓	ヒーター＆サーモスタット		エサ
	奥行き	cm	✓	水温計	✓	バックスクリーン
	高　さ	cm	✓	底　砂	✓	流木・石

THE 3rd PERIOD　いよいよ飼育スタート！

水　槽

　はじめて熱帯魚を飼う時に、どんな水槽を選べばいいのかなかなか悩むところです。水槽を選ぶためには、まず置き場所の広さを測りましょう。大きな水槽を買ったはいいが、台に載らないなんてことがないようにしましょう。

　飼いたい熱帯魚の種類や数によっても変わりますが、45cmか60cmくらいの水槽がビギナー向けの大きさです。小さい水槽は手軽な気がしますが、小さいほうがこまめなメンテナンスが必要になります。

　水槽には、大きく分けてガラス製とアクリル製のものがあります。ガラスは傷が付きにくく、アクリルは軽くて丈夫という特性があります。また、照明やろ過フィルターなど必要な器具と水槽が一緒になったビギナーセットや、こだわりたい方はサイズや形などを注文してオリジナル水槽を作ることもできます。

**各メーカーから出ている
ガラス水槽のセット**

アクリル水槽
（アクリル工房・宝来屋）

水槽台

　水を入れた水槽は想像以上に重くなります。水1Lは1kgなので、スタンダードな60cm水槽いっぱいに水を入れるとその重さは約60kgにもなります。そんな重量のものを置くのですから、置き場となる台はかなり頑丈でないといけません。

　自分の家にはそんな丈夫な台はないという方には、水槽専用の台があります。重い水槽を載せても壊れない造りになっているので、不安な方は是非用意してください。

**重みに耐えられる
がっしりした水槽
専用の台**

ろ過フィルター（ろ過装置）

川や湖などに比べて、はるかに水量が少ない水槽の中ではすぐに水は汚れてしまいます。そんな水槽の水を良い状態に保つために欠かせないのがろ過フィルターです。

フィルターには、上部式、壁掛け式、外部式、底面式、投げ込み式などの色々な種類やサイズがあります。基本的にろ過材を入れる部分が大きいほどろ過能力は高いですが、水の勢い（流量）などが強すぎると、水槽の水をかき回しすぎてしまいます。水槽の大きさや飼う熱帯魚の数などに合ったものを選びましょう。

各フィルターの特徴

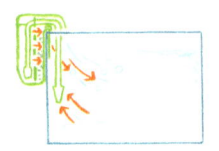

- **壁掛け式**：水槽の壁に掛けて使う。設置が簡単でろ過材を換えやすい。小型水槽向け。

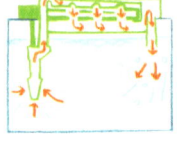

- **上部式**：水槽の上に載せて使う。管理がしやすく、ろ過能力も程よく高いのでビギナー向け。

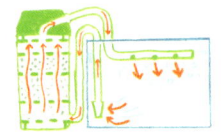

- **外部式**：水槽の外に置き、パイプでつないで使う。音が静かでろ過能力が高い。

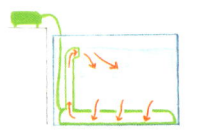

- **底面式**：底砂の下に敷き、エアーポンプなどと接続して使う。水の立ち上げが早い。

> **筆者のおすすめ**
> 20〜45cmの水槽 ⇒ 壁掛け式 & 底面式
> 45〜60cmの水槽 ⇒ 上部式
> 60cm以上の水槽 ⇒ 外部式

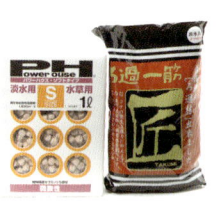

ろ過材

ろ過には、フンや食べ残しなどのゴミを取り除く「物理ろ過」とアンモニアや亜硝酸などの見えない有害物質を無害にする「生物ろ過」があります。

「物理ろ過」に向いているのは、ウールマットなどで、汚れた水が最初に通るようにセットします。「生物ろ過」は、バクテリアによって行われるので、ミクロの穴が沢山あいた多孔質ろ過材を用います。ミクロの穴にバクテリアを多く住み着かせることで、生物ろ過がしっかり行われ、毎日水換えをしなくても、水槽の水をきれいに保つことができるようになるのです。

ろ過材は多くの場合、フィルターとセットになっていますが、ろ過材だけでも様々な種類が販売されています。店員さんと相談して、各フィルター方式に合ったろ過材を選ぶようにしましょう。

ヒーター & サーモスタット

ほとんどの熱帯魚にとって、日本の冬は厳しく、ヒーターなしでは過ごせません。種類によっても多少異なりますが、水温を常に 25℃前後に保つことが必要です。

ヒーターはワット数で表され、水槽のサイズに合わせて使います。ヒーターだけで、25℃前後をキープできるものもありますが、サーモスタットと組み合わせて使うと温度設定を変えることができるので、病気になった時などに便利です。

またヒーターはかなり熱くなるので、ヒーターカバーを取り付けたり、直接手で触らないように気をつけましょう。

水槽の大きさとヒーターのワット数

30cm 水槽（25 リットル）⇒ 80W

45cm 水槽（35 リットル）⇒ 100W

60cm 水槽（55 リットル）⇒ 150W

150W が必要であれば、80W を 2 本入れておくと片方が壊れた時にも急激な水温低下を防ぐことができます。

水温計

ヒーターが正しくはたらいているかを確かめるために設置します。熱帯魚にエサを与える時などに、25℃前後に保たれているかを毎日チェックするようにしましょう。

底　砂

ディスカスや大型魚などの飼育の場合、入れないはっが都合がいい時もありますが、底砂にもバクテリアが住み、生物ろ過をしてくれるので、水質を安定させる意味でも入れることをおすすめします。

種類も豊富で昔からある「大磯系」や水草によいとされる「ソイル系」「セラミック系」など水槽レイアウトに応じて選べます。

THE 3rd PERIOD　いよいよ飼育スタート！

中和剤・添加剤

　水槽の水には、水道水を用います。水道水には、塩素など熱帯魚に有毒な成分が含まれています。これを無毒化するのが「中和剤」です。塩素は、ひと晩おけば大部分抜けますが、水も古くなってしまいますし、塩素以外の有害物質もあるので、できるだけ水換えの際には、中和剤を使うようにしましょう。

　中和剤には、魚のエラや表皮を保護したり、ビタミンが添加されているものがあります。また、魚の好みの水質を作るために入れる「添加剤」というものもあり、組み合わせて使うことで熱帯魚のストレスを軽減することができます。

バックスクリーン

　熱帯魚の背景となるもので、水槽の後ろに貼って使います。バックスクリーンを貼ることで後ろの壁や配線などを隠すこともできます。小さい水槽なら、自らプリンターで写真を大きく印刷して貼るもの面白いですね。

照明

　水槽には、照明も欠かせません。熱帯魚にとっては太陽なので、つけっぱなしや観る時だけつけるのは避けましょう。規則正しく毎日のサイクルを作って点灯させるようにしてください。一般的な蛍光灯でももちろんいいですが、観賞魚ショップでは、熱帯魚の体色をより鮮やかに見せるものや、水草の育成に適したものなどいろいろな種類が置いてあります。

> **筆者のおすすめ**　プログラムタイマーを使うと、留守の時も規則正しく照明をつけることができて便利です。

水色のバックスクリーンを貼って、明るい印象に！

バクテリア

水槽の水をきれいに保ってくれるバクテリア（細菌）には、魚の尿中に含まれる毒性の高いアンモニアを亜硝酸塩に変えるニトロソモナス、その亜硝酸塩を硝酸塩に変えるニトロバクターの大きく2種類がいます。

亜硝酸も毒性が高いので、この2種類のバクテリアに溶存酸素がないと、きれいな水は保たれません。このまさに水槽の裏の主役たちを充分に増やすには、水槽をセットしてから3週間ほどかかってしまうので、観賞魚ショップでは液体や粒状に加工されたバクテリアも売っています。これを添加すれば約1週間でろ過材内にバクテリアが充分に繁殖してくれます。

エアーポンプ

主に水中の酸素濃度を上げるために使いますが、底面式や投げ込み式などのろ過フィルターの動力源としても使われます。

エアーポンプは、水槽の外に設置して水槽とエアーチューブでつなぎます。チューブの先端には泡を細かくするエアーストーンや各種フィルターを取り付けます。水槽に対して、熱帯魚の数が多い場合は取り付けるようにしましょう。

流木・石などの飾りアイテム

水槽内のレイアウトに欠かせないのが、流木や石などの飾りアイテムです。水道水でよく洗ってから水槽に入れましょう。特に流木は、水に入れるとアクがでるので、煮沸するなどしてアク抜きをしてから入れます。その他にも人工水草などかわいい飾りアイテムがあるので、あなた好みのレイアウトを楽しんでください。

THE 3rd PERIOD　いよいよ飼育スタート！

✻ あると便利なアイテム

普段の飼育に絶対に必要なものではないけれど、あるととても便利でたよりになるアイテムもあります。水槽内のゴミを取る時に使う細長い網、旅行時に自動でエサを与えてくれるマシンや水質を調べるためのキットなど知っておくと得するものを集めました。

水質検査薬

　水槽の水に、目に見えない異常が起こっていないかを確めるために使います。

　主な水質検査項目としては、酸性アルカリ性をみるpH、水に溶けている金属イオン濃度をみる硬度、そして亜硝酸塩濃度などがあり、これらを簡単に調べることができる水質検査薬がショップで手に入ります。

　水質検査を定期的にしておくと熱帯魚の病気を未然に防ぐことができます。

駆除グッズ

　水草や熱帯魚に混じって、水槽に侵入し大量発生してしまう貝やプラナリアなどの招かざる生物を捕まえる器具です。ガラス面についた貝などを手動で採るものや水槽内に仕掛けておいて捕まえるものなどがあります。

網

　飼育する熱帯魚の大きさに合ったサイズの網を1つは用意しておきましょう。熱帯魚が病気の時や死んでしまった時にすくうのに使えます。さらに水面や水中のゴミ取り用に柄の長い網もあると便利です。

THE 3rd PERIOD　いよいよ飼育スタート！

産卵箱

　水槽の中や外に小部屋をつくり、産卵が近い熱帯魚などを隔離することで卵や稚魚を他の魚から保護します。グッピーなどの繁殖には必須アイテムです。

水槽の外部に設置するタイプの産卵箱

フードタイマー

　中にエサを入れて、時間をセットしておくだけで、決まった時間に適量のエサを水槽に落としてくれる機械です。しばらく留守にする時などに便利です。

保護剤

　水槽の水に適量溶かすことでエラや表皮などにミクロの保護膜が作られ、水道水に含まれる重金属など、水中の様々なストレスから熱帯魚を守るものです。少し弱っている個体の快復にも有効です。

高性能活性炭

　フィルターと組み合わせることで、アク抜きをした後もしつこく流木から出るアクによる水の黄ばみを強力に吸着除去します。

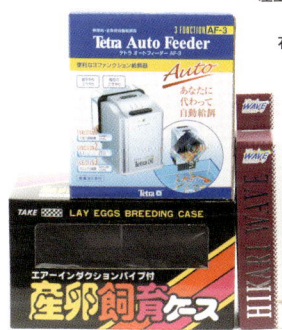

左上・フードタイマー、
左下・産卵箱、
右下・高性能活性炭

コケ除去剤

　コケが大量に発生してしまった場合やコケを発生させたくない場合に水槽に入れておくと効果を発揮します。ただしウィローモスなどの藻類にも効き目があるので注意しましょう。

AQUARIUM BOOK　73　Tropical Fish

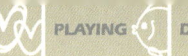

THE 3rd PERIOD　いよいよ飼育スタート！

✻ 熱帯魚たちの食事

熱帯魚に関わらず、動物が食事をしている風景は、なんとも幸せそうに見えます。だからといってエサの与えすぎは熱帯魚にも水槽にもよくありません。いつ、どのくらいの量、頻度で与えるのが適切なのか、また、ショップで売られている様々な種類のエサをどうやって選べばいいのかなど熱帯魚の種類に合わせたエサの選び方、与え方を詳しく説明していきます。

2、3分で食べきれる量を与えよう

　一般的にエサを与える時、どのくらいの分量を食べるのか？と量で考えてしまいますが、熱帯魚の食べる量は、体の大きさ、飼育数、種類などによって変わってくるので、ちょうど良い量を測りとるのは至難のわざです。

　そこで、エサを時間で調節する方法をおすすめします。まず少しずつエサを入れていって、水槽内の熱帯魚たちが2、3分で食べきる量を観察して与えるようにしましょう。与える頻度は、熱帯魚の種類によっても異なりますが、朝と晩の1日2回で充分です。そうすることで「食べすぎ」「食べ残し」を防ぐことができます。食べすぎは肥満につながり、食べ残しはコケの大発生や、エサが底砂やろ過フィルター内にたまり、水質の悪化を早めてしまうことにつながってしまいます。

　少しずつ様子を見ながら与えて、エサの時間を熱帯魚や水槽に異常がないかチェックする時間にしてくださいね。

エサの特徴を知ろう

　熱帯魚のエサには、大きく分けて3種類あります。人工飼料、生餌、冷凍飼料です。それぞれの特徴を知って、あなたの熱帯魚に合ったエサを使い分けてくださいね。

人工飼料　熱帯魚の食性や生態に合わせて配合したエサを人工飼料といいます。熱帯魚の種類によって食いつき具合は分かれますが、栄養のバランスがとれているので、食べてくれるならば基本的に人工飼料だけでもかまいません。

　人工飼料は「小型魚用」「大型魚用」「底層魚用」の3つに分けることができます。

　小型魚用のものには、うすくて浮きやすいフレーク状のものや長時間浮いている顆粒状のものなどがあります。主に小型のカラシンやコイの仲間など、水槽の中層域から上層域を泳ぐ魚に向いているエサです。

　大型魚用は、主にペレットやタブレット状をしていて食べ応えがある大きさになっているの

さまざまな種類がある
人工飼料

稚魚用や、留守番
食用などもある

粒状（左）と
フレーク状（右）
のエサ

が特徴で、中層域や下層域を泳ぐナマズやポリプテルスなどに向く沈下性タイプと、アロワナなど上層域を泳ぐ大型魚用の浮上性タイプがあります。

プレコやコリドラスなど水槽の底を泳ぎ回っている熱帯魚には、よく沈むように作られた底層魚用があります。底層魚は食べているように底砂をつついていても、実際はエサのにおいに反応して必死に探し回っているだけのこともあるので、食べそびれている個体がいないかよく観察して与えましょう。

生餌（活餌） 主に肉食の熱帯魚たちに大人気なのが、生きた餌です。生餌には、イトミミズ（イトメ）、アカムシ、コオロギ、ミルワームなどがあります。生餌の動きは肉食魚の本能をかきたて、食いつきがよくなったり、イトミミズは小型の熱帯魚が体力をつけるのにも打ってつけのエサとなります。

生餌の難点は、エサ自体を飼育する手間が増えるところです。しかし、数日で食べきれる量を欲しい時に買ってくれば、長期維持し

イトミミズ

なくてよいので、人工飼料の合間に生餌を与えている方も多くいます。

冷凍飼料 生餌や肉などを長期保存するために冷凍したものです。アカムシやディスカス用ハンバーグなどが冷凍されて売られています。生餌に近い食いつきが得られ、なかなか人工飼料を食べてくれない個体に向いています。さらにクリル（オキアミ）などを扱いやすく加工したフリーズドライのエサもあります。

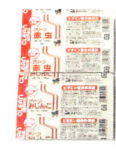

人工飼料の保管場所は？

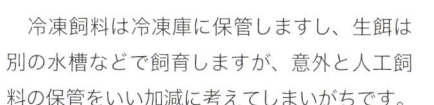

冷凍飼料は冷凍庫に保管しますし、生餌は別の水槽などで飼育しますが、意外と人工飼料の保管をいい加減に考えてしまいがちです。

人工飼料は乾燥したものが多く、基本的に水気を嫌うので、水槽の上や真横など近くには置かずに、水気のない冷暗所に保管するようにします。量は熱帯魚たちが3ヶ月以内に食べきれるくらいを買うようにしましょう。

THE 3rd PERIOD いよいよ飼育スタート！

✳ 水槽を立ち上げよう

水槽の設置場所を決め、水槽と周辺器具をそろえたら、早速水槽をセットしてみましょう。器具の多さに初めてのセッティングでは、何からやっていいのか分からなくなるかもしれませんね。ここで水槽を設置する基本的な手順を覚えましょう。

① 置き場を整える

　水槽台を置くなど、水槽を置くスペースを整えます。この時にコンセントの位置を確かめておきましょう。

② 器具を洗う

　水槽、ろ過フィルター、ヒーターや水温計などを水道水で洗います。洗剤は、使わないようにしてください。

③ 底砂・ろ過材を洗う

　バケツや桶などを用意して、底砂とろ過材を洗います。バケツは1つあると、水槽管理に便利です。底砂は、水道水を入れて指先でかき混ぜるように洗います。ソイル系など崩れるものは洗いません。ろ過材も同様にして洗います。

④ 水槽を置く

　水を入れてから動かすのは大変なので、先に水槽を置きたい場所にセットします。この時にバックスクリーンを貼ったり、水槽裏の配線を整理しておくと後で作業が楽です。

⑤ 底砂を敷く

　洗った底砂を敷きます。底砂専用のスコップなどを用いるとスムーズに入れることができます。

⑥ ろ過フィルターをセット

　説明書どおりに、ろ過フィルターにろ過材を入れて水槽にセットしてください。パイプや配線などが窮屈にならないように注意しましょう。

THE 3rd PERIOD　いよいよ飼育スタート！

⑦ ヒーターをセット

　ヒーターとサーモスタットの温度センサーを設置します。温度センサーはなるべくヒーターから遠い場所に設置します。水を入れ終わるまで、絶対にコンセントにつながないようにしましょう。

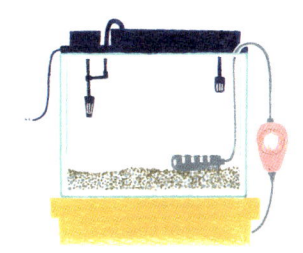

⑧ 流木や石を飾る

　レイアウトしたい場所に流木や石を飾りつけます。

⑨ 水を入れる

　水槽に水道水を入れていきます。そのまま入れると底砂が舞い上がり、水がにごってしまうので、底砂の上にビニール袋などを敷いてその上から水をそそぎます。水が入ったらビニール袋を取り出します。

⑩ 中和剤を入れる

　水槽の水に中和剤を適量入れます。

⑪ ろ過フィルターのスイッチを入れる

　ろ過フィルターの説明書どおりに、電源を入れます。水が正しく循環しているか、漏れていないかを確認しましょう。

⑫ ヒーターをつなぐ

　最後にヒーターの電源を入れます。同時に水温計も見やすい位置に取り付けておきましょう。水温は25℃になるようにします。

　この状態で3週間ほど、動かし続ければ、ろ過フィルター内などにバクテリアが繁殖して、熱帯魚を飼える状態になります。これを「水槽が立ち上がる」といいます。市販のバクテリアを事前に添加しておくと、立ち上げ期間を1週間ほどに早めることができます。

THE 3rd PERIOD　いよいよ飼育スタート！

✻ いよいよ水槽に熱帯魚を泳がせよう

水槽をセットしてバクテリアも増え、水槽が立ち上がったら、次は主役たちに入ってもらいましょう。熱帯魚を水槽に入れる時は、観賞魚ショップから持ち帰ったビニール袋内と水槽内との水温や水質の差を徐々に近づける「水合わせ」を必ず行います。自分がプールに準備運動なしでいきなり背中を押されて入れられたら…、と考えれば分かるように、魚たちをいきなりドボンッと水槽に入れるようなことは絶対に避けましょう。

① 温度合わせ

　ショップから持ち帰った熱帯魚をビニール袋ごと水槽に約30分間浮かべます（この時、水槽内の水温が約25℃であることを確認することも忘れずに！）。こうすることで、急激な水温の変化をやわらげ、除々に水槽内の水温に合わせていきます。

② 水質合わせ

　水槽に浮かべたままビニール袋の口をそっと開きます。そして、コップなどで水槽の水をかるく1杯くみ、袋の中にゆっくり注ぎます。この作業を20分おきに3回ほど繰り返して水槽内と袋内の水質の差を少なくします。

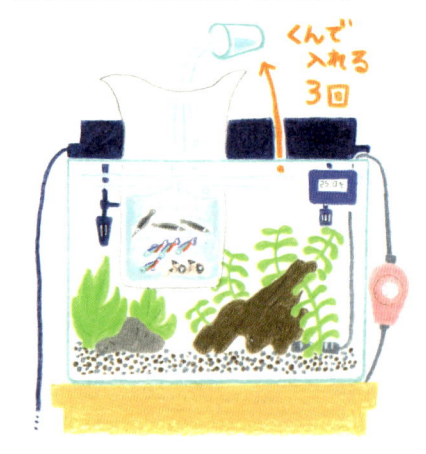

THE 3rd PERIOD　　いよいよ飼育スタート！

③ 熱帯魚を水槽に入れます

　水温と水質を調節したら袋の口を横に向けて熱帯魚が水槽内に泳いで出ていけるようにします。なかなか出て行かない場合は袋を底からそっと取り出せば自然に泳いで出ていくでしょう。

　ビニール袋内の水が汚れていて水槽に入れたくない場合は、水合わせが済んだ後、バケツなどにいったん魚を出して、網ですくって水槽に入れるようにします。

④ 熱帯魚の家の完成！

　熱帯魚が水槽内に泳ぎだし、照明を設置すれば、熱帯魚の家の完成です。照明は、熱帯魚にとって太陽。点灯時間は、1日8時間前後にして、昼と夜のリズムをつけてください。

　また、水槽内に泳がせた当日は、エサは与えずに、1日たって熱帯魚が落ち着いたころにエサを与えてくださいね。熱帯魚がこの家の中で居心地良く暮らしているか、観察することも忘れずに！

水草を植えるタイミングは？

　水草は熱帯魚と違ってエサを食べず、フンもしないので水を汚しません。ですから、水槽をセットした直後に植えても、もちろん水槽を立ち上げて熱帯魚を泳がせてから植えても大丈夫ですが、私は泳がせるより前に植えておくことをおすすめします。

　水草を植える時は、ろ過フィルターやヒーターなどの電源を切って水槽内に長い時間手を入れることになります。その際、熱帯魚が泳いでいると作業の妨げになりますし、驚かせてストレスを与えてしまう可能性があります。

　もし最初から水草を植える予定なら、熱帯魚を泳がせる前に植えておくようにしましょう。（水草の植え方 ☞ P98-99 参照）

Aquarium Book License
アクアリウムブック版
熱帯魚検定【初級編】

それでは、熱帯魚のことについてどれだけ知ったか
問題に挑戦してみましょう。まずは、初級編です。
熱帯魚を飼う上で必ず抑えておきたい手順が中心に出題されます。
10問中8問以上正解すれば、
いつでも熱帯魚を飼い始められますよ！

Q1
1回で与えるエサの量は？

A：大さじ1杯　B：食べなくなるまで　C：2,3分で食べきれる量

Q2
水槽の置き場所で適しているのは？

A：直射日光がよく当たる場所
B：日光があまり当たらない場所
C：屋外

Q3
水換えは1回につきどのくらいの量を行えばよい？

A：水槽の水の3分の1以下
B：水槽の水の半分
C：水槽の水の7割以上

Aquarium Book License　熱帯魚検定　初級編

Q4 ヒーターの電源はいつ入れればよい？

A：魚を入れた後　B：水を入れた後
C：水槽に入れる前

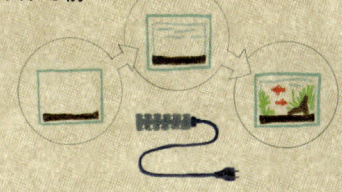

Q5 ヒゲがある熱帯魚は？

A：ディスカス
B：カージナル・テトラ　C：コリドラス

Q6 アロワナは何の仲間か？

A：メダカの仲間　B：ナマズの仲間
C：古代魚の仲間

Q7 いろいろな種類の魚を泳がせた水槽をなんという？

A：コミュニティータンク
B：セキュリティータンク
C：アイデンティティータンク

Q8 汽水とはどんな場所？

A：川の上流　B：湖
C：川の河口

Q9 熱帯魚にとって適切な水温は？

A：15℃前後　B：25℃前後
C：35℃前後

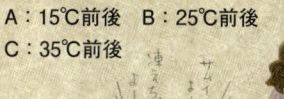

Q10 何もない状態からバクテリアがろ過フィルターで十分働くようになるまでは？

A：約3週間　B：約3日間　C：約3時間

10問中、8問以上正解なら
ABL公認 熱帯魚検定 初級クラス 認定

【質問の答え】Q1=C　Q2=B　Q3=A　Q4=B　Q5=C　Q6=C　Q7=A　Q8=C　Q9=B　Q10=A

決定的瞬間をパチリ！ 熱帯魚写真館

熱帯魚たちの決定的瞬間をカメラがとらえました。
あなたも熱帯魚の面白い行動や習性を見つけるべく、よーく観察してください。
もっと熱帯魚のことが好きになること、間違いなしですよ！

◆ キッシング・グーラミーのキスシーン。一見、熱々なのね！と思ってしまいますが、実はこれは縄張りを争っているオス同士がしている行動なんです。闘争行動でキスをするなんて、人間に置き換えたらすごーく不思議。

◆ キスシーンを横から見たら、こんな感じ。闘争しているとは思えないかわいさです。

✦ P63でも紹介した、アーチャーフィッシュが、鉄砲水で水中から獲物を狙う決定的瞬間見事に命中しています！　写真はセブンスポット・アーチャーフィッシュ。

THE 4th PERIOD

熱帯魚のお世話

3章では、熱帯魚を水槽に入れて、元気に泳ぎ回る姿が見られるようになりました。4章では、熱帯魚のためにあなたができる基本的な世話の方法の、水槽のお手入れ、コケの除去の仕方、季節別のお世話などについて紹介します。熱帯魚が水槽内で快適に過ごせるように、住みよい環境を維持してあげてくださいね。

✳ 水槽のメンテナンス ❶ 基本編

見た目には汚れていないように見えていても、水槽内ではコケの大発生の原因となる硝酸塩などが徐々に増加していってます。さらにろ過フィルター内や底砂の中にもフンや食べ残しなどの汚れが蓄積していくので、水槽の管理には定期的な水換えと掃除が不可欠です！

❶ 水換えは1〜2週間に1回！

水換えの適切な頻度は、水槽の大きさと熱帯魚の数やろ過フィルターの能力によって変わりますが、だいたい1〜2週間に1回くらいの頻度で行ってください。カレンダーに印をつけるなどして、定期的な水換えを心がけましょう。

❷ 1度に換える水の量は、水槽の水の3分の1以下！

1度に換える水の量は、水槽の水の3分の1以下にしてください。一度に大量の水を換え

てしまうと水温や水質が急変してしまい熱帯魚に過度のストレスを与えてしまいます。

水換えはまず水面の高さをチェックし、上から3分の1弱のところまで古い水を排水します。そして、あらかじめ中和剤を適量入れて中和しておいた水道水を、水槽内へ少しずつそっと注いで始めの水面の高さにもどします。

③ 底砂にたまった汚れも取り除こう

水槽の水を上澄みだけ毎回換えていると、底砂の中などに汚れがたまっていきます。そこで水換えの際に、専用ホースを使って、古い水とともに底砂の中のフンや食べ残しなどの汚れを吸い取りましょう。この時にあまり激しく底砂をかき混ぜるとホコリのように、水中に汚れが巻き上がるので気をつけましょう。

専用ホースの使い方

底砂の掃除には、ホース状の専用器具を使います。ホースの先を水に入れて、上下に振ると水が吸い上げられ始めます。排水が始まったらホースを底砂の中にザクザクと突き刺すように動かしていくと、粒が小さく軽い汚れだけが吸い上げられて、汚い水を効率よく排出することができます。

④ ろ過フィルターの掃除は、水換えとは別の日！

水換えをすると、この際だからと一緒にろ過フィルターの掃除もしてしまいそうになりますが、これは大変危険なことです。水質をきれいに保ってくれているバクテリアの数が一度に少なくなってしまう可能性があるからです。

できれば、水換えの日から1週間ほどあけて別の日にろ過フィルターの掃除はするようにしましょう。

ろ過材は洗いすぎないように！

ろ過フィルターは1ヶ月に1回くらいのペースで掃除するようにしましょう。

ろ過フィルターの掃除は、ろ過フィルター本体と内部のろ過材に分けられます。

本体は、説明書に従って水道水などで普通に洗いますが、ろ過材は別です。物理ろ過を行うウールマットなど、使い捨てのものは交換するだけですが、バクテリアの家となっているろ過材は、バクテリアが死なないように、水槽から吸い出した飼育水か、中和剤を入れた水道水で軽くすすぐように洗います。せっかく増えたはたらき者のバクテリアを減らさないように注意しましょう。

飼育水か中和した水で！

THE 4th PERIOD　熱帯魚のお世話

✳ 水槽のメンテナンス ❷ もっとしっかり編
コケの発生を予防しよう

水槽の汚れは、フンや食べ残しだけではありません。どこからともなく発生して困るのがコケです。コケにもいろいろな種類があり、ガラス面にうっすらと付着するものや流木や石などにヒゲ状に生えてなかなか取れないものなどがあり、大量に発生してしまう前に日々の掃除とコケを増えないようにする対策が必要です。

こまめな掃除が大切！

　日々水槽内をきれいに保つことが、コケの大量発生の予防につながります。ガラス面によく発生するコケは、専用のクロスやスクレイパーなどでこまめに取り除いておきましょう。水槽の中に手を入れるのが危険なデンキナマズやピラニアなどの場合はマグネット式で水槽の外側から操って掃除できるグッズもあります。

照明の長時間点灯やエサのやりすぎに注意

　コケはさまざまな要因が重なって発生します。最も多い原因のひとつに硝酸塩濃度の上昇があります。硝酸塩はコケの栄養分で、水槽の水換えやろ過フィルターの掃除をさぼっていると知らない間に増えていきます。もうひとつ多い原因として照明の長時間点灯が考えられます。照明は水草を植えていたとしても、1日に8時間ほど点灯していれば十分なので、タイマーなどを使って上手く管理することが大切です。その他、エサのやりすぎや水草用肥料の入れすぎなどがよくある原因としてあげられます。

★ チェック項目

- 熱帯魚にしょっちゅうエサを与えていないか
- 水槽に対して熱帯魚の数が多くないか
- ろ過フィルターをあまり掃除していなくはないか
- 1日10時間以上水槽の照明をつけていないか
- 水槽が日光のよくあたる場所にないか
- 水草用の肥料を入れすぎていないか

THE 4th PERIOD　熱帯魚のお世話

熱帯魚たちにコケを食べてもらおう

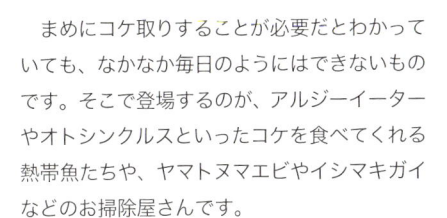

　まめにコケ取りすることが必要だとわかっていても、なかなか毎日のようにはできないものです。そこで登場するのが、アルジーイーターやオトシンクルスといったコケを食べてくれる熱帯魚たちや、ヤマトヌマエビやイシマキガイなどのお掃除屋さんです。

　コケを食べてくれる生物をバランスよく水槽に入れることでコケ掃除の頻度を減らすことができます。さらに、コケは食べなくてもコリドラスやクーリー・ローチのように、底に沈んだ残りエサを食べてくれる熱帯魚たちも水槽をきれいに保つことで間接的にコケの発生防止に一役買ってるといえます。このように、上手く生物たちの力を利用していけば水槽の管理も楽になるわけです。

コケ以外の水槽に発生する生物

　コケの他にも、水槽内でときおり大発生して困る生物たちがいます。水草についてくるもの、掃除をさぼると発生するものなどその特徴と対策を詳しく見ていきましょう。

スネイル （サカマキガイ、モノアラガイ、カワコザラガイ…）

　水草や流木などについて、水槽内に侵入してくる小さな貝類をまとめてスネイルといいます。

　スネイルは、一度侵入するとたちまち増えて人の手では取り除くことが不可能になります。侵入させない対策として、水草を買ってきた時は流水でよく洗い、しばらくバケツに入れておくようにしましょう。

プラナリア

　切っても切っても体が再生する理科の実験でも有名な扁形動物です。1〜3cmほどに成長して、水槽のガラス面を滑るように這いまわります。スネイル同様、水草などについてくるので、はじめにしっかり洗うことが大切です。タブレット状の熱帯魚のエサをビンなどに入れて沈めておくと、集まってくるので一網打尽に取り除けます。

ミズミミズ

　水槽の水やガラス面をよく眼を凝らして見ると白い糸くずのようなものがうごめいていることがあります。これはミズミミズといってろ過フィルター内などに普段からいるもので、熱帯魚に特別害を及ぼすものではありません。ミズミミズが水槽内をただよっているということはろ過フィルター内が汚れているということになるので、ろ過フィルターの掃除をすると次第にいなくなります。

| STUDY | CATALOG | LIVING | **CARE** | PLAYING | DISEASE |

THE 4th PERIOD 熱帯魚のお世話

✳ 水槽内のお掃除屋さんカタログ

水槽内のコケや食べ残されたエサなどを食べてくれる生物たちをここでは"水槽内のお掃除屋"さんとして紹介します。しかし、貝やエビを入れているからといって水槽のメンテナンスはさぼっていいわけではありません。あくまで、家の掃除を子供に手伝ってもらっているくらいの気持ちで飼いましょう。

ゴールデン・アップルスネール
Pomacea canaliculata

分類 中腹足目リンゴガイ科　分布 南米ラプラタ川
水質 弱酸性〜中性　最大全長 5cm

黄色いカタツムリといった見た目。日本ではジャンボタニシとして知られ、スクミリンゴガイという和名をもつ。コケ取り能力が高くガラス面のコケを掃除してくれる。水草も種類によって食べてしまうので注意する。

レッド・ラムズホーン
Indoplanorbis exustus var.

分類 基眼目ヒラマキガイ科　分布 改良品種
水質 中性〜弱アルカリ性　最大全長 2cm

コケ取り能力はさほど高くないが、チェリーレッドの貝殻が美しく、大きさも手ごろなので、水槽のアクセントとしても人気が高い。雌雄そろえれば繁殖も簡単。水質が悪くなると水面に集まる習性がある。

イシマキガイ
Clithon retropictus

分類 アマオブネガイ目アマオブネガイ科　分布 日本、中国
水質 中性〜弱アルカリ性　最大全長 3cm

ガラス面につくコケをよく食べる貝として有名。水槽内に卵の塊を産み付けることがあるが、自然界では、淡水と汽水を回遊しながら一生を過ごすので通常水槽内で孵化して増えることはない。

レッド・ビーシュリンプ
Neocaridina sp.

分類 エビ目ヌマエビ科　分布 改良品種
水質 弱酸性〜中性　最大全長 2cm

ビーシュリンプとは日本生まれの改良品種でカラフルなバンド模様とその小さくかわいい見た目でとても人気が高いエビである。コケをよく食べてくれるが、小型なので混泳魚によっては食べられてしまう。

ロックシュリンプ
Atyopsis moluccensis

分類 エビ目ヌマエビ科　分布 東南アジア
水質 弱酸性〜中性　最大全長 8cm

褐色の体色に毛のはえた足が特徴的なエビ。コケなど藻類は食べずに、足の毛で水中の微生物などをとって食べる。水槽内では、食べ残し処理に役立つ。大きくなるが、温和で混泳も問題ない。

ヤマトヌマエビ
Caridina multidentata

分類 エビ目ヌマエビ科　分布 日本、韓国、中国など
水質 中性　最大全長 4cm

コケ取りエビとして有名だが、エサの残りや死骸など何でも食べる。人工飼料を与えていると、コケをあまり食べなくなるので注意する。60cm水槽なら10匹ほど入れておけば、良いはたらきをしてくれる。

ミナミヌマエビ
Neocaridina denticulata

分類 エビ目ヌマエビ科　分布 日本、韓国、中国など
水質 弱酸性〜中性　最大全長 3cm

ヤマトヌマエビよりもひと回り小さく、体色が地味でコケ取り能力は劣る。一生淡水で生活するエビなので水槽内で繁殖させることもできる。低温には強いが、夏の高水温と水質の急変には弱いので気をつける。

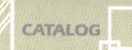

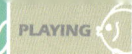

STUDY　CATALOG　LIVING　CARE　PLAYING　DISEASE

THE 4th PERIOD　熱帯魚のお世話

✳ 季節別の世話と熱帯魚のお留守番

熱帯魚が生息している熱帯や亜熱帯などの地域では、年間を通して水温などの環境に大きな変化はありません。しかし私たちの住む日本には春夏秋冬があり、家の中でも思った以上に室温変化が起こります。さらに旅行などでしばらく家を留守にする時など、熱帯魚と一緒に暮らしていくことについて考えてみましょう。

熱帯魚の春

春はとても過ごしやすい気候になりますが、まだ寒い日があったり、体調を崩しやすい時期でもあります。熱帯魚にとっても同じです。暖かい日が続いているからといって、水槽のヒーターの電源をオフにしてしまうと、急激な水温の変化で熱帯魚も弱ってしまいます。基準として、天気の悪い夜間の気温が 25℃以上になってからヒーターの電源は切るようにしましょう。

熱帯魚の夏

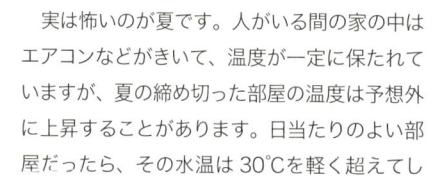

実は怖いのが夏です。人がいる間の家の中はエアコンなどがきいて、温度が一定に保たれていますが、夏の締め切った部屋の温度は予想外に上昇することがあります。日当たりのよい部屋だったら、その水温は 30℃を軽く超えてしまいかねません。熱帯魚とはいっても多くの種類は 25℃前後が最適な水温なので、30℃以上の水温が続くと弱ってしまいます。水槽はあらかじめ温度変化のない部屋に設置することと、ファンクーラーなどを使って水温調節して、水温が 27℃以上にならないように気をつけましょう。

熱帯魚の秋

秋は春と逆で注意していないと水温が下がりすぎてしまう危険性があるので、夜の気温が 25℃を下回るようになったらヒーターを忘れずに入れるようにしましょう。熱帯魚は水温が徐々に下がることにはある程度耐えることができますが、水温が下がったところからヒーターでいっきに

THE 4th PERIOD　熱帯魚のお世話

上げると大きなストレスを感じます。低水温は病気の発生にもつながるので暑い日が去ったら早めにヒーターを入れるようにしましょう。

熱帯魚の冬

実は一番安心なのが冬です。外は寒く常に水温は下がろうとしているので、ヒーターさえ入れていれば、特に気にしなくても水温は一定に保たれます。ただヒーターが壊れることもないわけではないので、毎日の水温チェックは欠かさないようにしましょう。

熱帯魚のお留守番

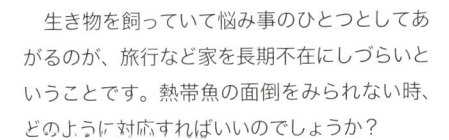

生き物を飼っていて悩み事のひとつとしてあがるのが、旅行など家を長期不在にしづらいということです。熱帯魚の面倒をみられない時、どのように対応すればいいのでしょうか？

照明にリズムをつけよう

旅行などで不在にしている時は、普段のように人の手で照明の点灯を操作することができません。しかし、ずっと明るいままや暗いままでは室内にいる熱帯魚たちにとって生活リズムが狂ってしまう原因になります。そこで登場するのがプログラムタイマーです。照明とコンセントの間に取り付けて、点灯したい時間をセットしておくと、毎日決まった時間に照明がついたり消えたりします。これを利用すれば人の手がなくても毎日のリズムが保たれます。不在がちな人が普段から使うのにもおすすめです。

室温の変化に注意しよう

長期不在にしてしまうと、窓の開け閉めがなくエアコンなども動いていないため、室温が大きく上昇または低下する恐れがあります。室温の低下はヒーターがはたらいている限り大丈夫ですが、暑い日の室温上昇は熱帯魚にとって過酷な環境となるので、エアコンを昼間だけ動かすなど工夫して対処しましょう。

エサを与えすぎないように！

不在にするからといって、エサを大量に与えていくことは絶対にしないで下さい。大量のエサは大量の食べ残しやフンになり、フィルター内へと吸い込まれる結果、水質悪化を早める原因となります。それでは、与えなければいいか？と思いますが、それでは熱帯魚たちがかわいそうですね。現在は留守用の様々なグッズが売られているので、それぞれを上手く利用して快適な留守番環境を作ってあましょう。

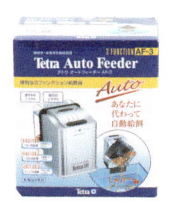

フードタイマー　毎日設定した時間に水槽内にエサを落としてくれるマシン。

留守番フード　水に入れると、数日かけて崩れていき、品質がしばらく保たれるエサ。1週間ほどもつものもある。

Aquarium Book License

アクアリウムブック版
熱帯魚検定【中級編】

さぁ今度は中級編です。
熱帯魚の飼い方や飼育器具の扱い方などが中心に出題されます。
10問中8問がかるくクリアできれば、
あなたも立派なアクアリストです！
もう誰にもビギナーとは呼ばせませんよ！

Q1 水槽に発生するコケをよく食べてくれる熱帯魚は？

A：コリドラス
B：アルジーイーター
C：クーリー・ローチ

Q2 買ってきた熱帯魚を水槽に入れる時の注意は？

A：できるだけ早く水槽の中に泳がせる
B：一晩置いてから水槽に入れる
C：水温と水質を合わせてから泳がせる

Q3 秋にヒーターの電源を入れるタイミングは？

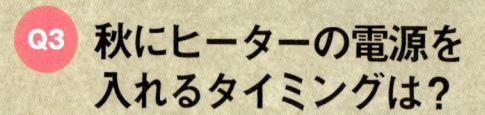

A：紅葉が出始めたら　B：水温が20℃を下回ったら
C：夜間の気温が25℃を下回ったら

Aquarium Book License　熱帯魚検定　中級編

Q4 市販のバクテリアを入れてから水槽が立ち上がるまでは？
A：約1週間
B：約1日
C：約1時間

Q5 熱帯魚に適した照明の点灯時間は？
A：1日8時間前後　B：1日15時間前後
C：1日中ずっと

Q6 60cm水槽いっぱいに水を入れた時の重さは？
A：約20kg　B：約40kg　C：約60kg

Q7 カージナルテトラと同じカラシンの仲間は？
A：グッピー　B：ピラニア
C：アロワナ

Q8 汚れたろ過材を洗う時に使う水は？
A：水道水　B：塩素を中和した水道水　C：塩水

Q9 グッピーと同じ卵胎生メダカの仲間は？
A：アフリカン・ランプアイ
B：プラティ
C：クラウンキリー

Q10 60cm水槽を25℃に保つのに必要なヒーターのワット数は？
A：50W　B：100W　C：150W

10問中、8問以上正解なら ABL公認 熱帯魚検定 中級クラス 認定

【質問の答え】Q1=B　Q2=C　Q3=C　Q4=A　Q5=A　Q6=C　Q7=B　Q8=B　Q9=B　Q10=C

STUDY　CATALOG　LIVING　CARE　PLAYING　DISEASE

THE 5th PERIOD　熱帯魚との暮らしを楽しもう！

水槽のレイアウト術

観賞魚ショップなどで、きれいにレイアウトしてある水槽を見て憧れて熱帯魚を飼ったはいいけれど、実際に自分で水槽をセットしてみると、最初はなかなかイメージ通りにいかないかもしれませんね。水草の基本的な植え方から、流木や石を使った技ありレイアウト術まで見ていきましょう。

水草のレイアウト術

まずは一番シンプルな底砂に水草を植えるだけのレイアウトを考えましょう。

水槽のメインはやっぱり熱帯魚ですから、水草は水槽の後ろ2分の1〜3分の1のスペースに植えて、熱帯魚の泳ぐ姿が見えるようにします。植えたい水草に大小がある場合は、背の高いものから順に水槽の後景、中景、前景としていきます。その際にあらかじめ底砂を後ろに行くほど高くなるように傾斜をつけて盛っておくと、より高さの差が出てバランスよく見えるようになります。

流木のレイアウト術

流木は熱帯魚たちの隠れ場となるだけではなく、その水槽全体の大きな個性となるので、流木を使う場合は、始めにその位置を決めます。流木が水槽に対して大きなものであれば1本を中央にドンと、普通サイズのものが2本ある時は、左右にバランスよく置くか2本を中央で組み合わせるように置くとよい感じに配置できます。

流木の位置が決まったら流木の高さより高い水草は、流木の後ろに、低い水草は前から見た時に流木と重ならない場所にピンセットなどで深くしっかりと植えていきます。

上級レイアウト　流木を立たせよう！

流木を寝かせるだけでは、水槽の上の空間をなかなか有効に使えません。そこで流木を立

THE 5th PERIOD　熱帯魚との暮らしを楽しもう！

たせてみましょう。下敷きや底面式フィルターの裏から錆びない材質のネジで流木を固定して、底砂をかぶせます。少し角度をつけて立てれば格段にレイアウトレベルが上がりますよ。

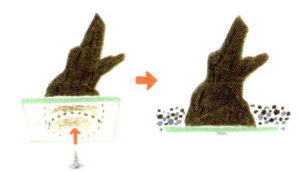

石のレイアウト術

石はガラス水槽の場合ぶつかって割れる恐れがあるので、できるだけ壁から離して配置します。水草がすぐ抜けないように抑えたり、水草の間に入れてアクセントとして使います。

実際のレイアウト術

レイアウト① 石をアクセントに！

ただ水草を植えるだけではなく、前景の水草と後景の水草の間に石を並べることによって、石がアクセントになり一段上のレイアウトにすることができます。

レイアウト② 左右非対称にすべし！

後景に高さのある水草を、前景には低い水草を配置し、中景に石や流木を寝かせてアクセントにしてあります。わざと左右対称にしないことで、より自然を感じさせるレイアウトになっています。

レイアウト③ 流木の表現力は絶大！

流木を立たせることで、正面から見た時の流木の存在感がグンと増して、流木と絡みあう水草がより立体的な世界を感じさせるレイアウトになっています。

提供：プレコーポレーション（PAS）
45cm 背面濾過装置付きガラス水槽

THE 5th PERIOD 熱帯魚との暮らしを楽しもう！

❋ 水槽内に自然を演出しよう　水草カタログ

それでは、レイアウトに使う水草を選んでいきましょう。
ひとくちに水草といっても細長く茎が伸びる有茎型、根元から広がるように葉が増えるロゼット型、流木や石にくっついてくれるシダやコケの仲間などさまざまな種類があります。飼う熱帯魚の色や生態に合った水草を選んで植えれば、一段と水槽の完成度が高くなりますよ！

ロゼット型

アヌビアス・ナナ
Anubias barteri var. nana

分類　サトイモ目サトイモ科
分布　西アフリカ
水質　弱酸性～弱アルカリ性
高さ　10～20cm

ナナはラテン語で「小人」という意味。幅のある大きな葉をしており、植えるのはもちろん流木や石に活着させることもできる。成長が遅く、水質が悪化するとよくコケがついてしまう。CO_2添加がなくても育成できる。

スクリュー・バリスネリア
Vallisneria asiatica var. biwaensis

分類　オモダカ目トチカガミ科
分布　日本
水質　弱酸性～弱アルカリ性
高さ　20～50cm

原産地が日本の水草。らせん状に伸びた葉の形から和名はネジレモという。現在は東南アジアで栽培されたものが多く輸入されている。高さがあるので、水槽の後景としてレイアウトするとよい。ランナーで横に増えていく。

アマゾンソード・プラント
Echinodorus amazonicus

分類　オモダカ目トチカガミ科
分布　南米
水質　弱酸性
高さ　20～30cm

最も人気のある水草のひとつ。美しい若葉色の葉を多く生やし、水槽内を明るくする。植え換えると根がいったんなくなり株が小さくなるので、一度植えたら場所を動かさないほうがよい。育てやすいが、CO_2添加はしたい。

THE 5th PERIOD　熱帯魚との暮らしを楽しもう！

有茎型

ウォーター・ウィステリア
Hygrophila diffomis

分類　ゴマノハグサ目キツネノマゴ科
分布　東南アジア
水質　弱酸性～弱アルカリ性
高さ　10～30cm

春菊のような形の葉をした水草。鮮やかな緑の美しさと丈夫で育てやすいことからビギナーにも人気が高い。育成すると葉を増やしボリュームが出てくる。CO_2添加がなくても育成できる。

ハイグロフィラ・ポリスペルマ
Hygrophila polysperma

分類　ゴマノハグサ目キツネノマゴ科
分布　東南アジア
水質　弱酸性～弱アルカリ性
高さ　10～30cm

縦に長く伸びる有茎草の代表的な種。丈夫でCO_2添加がなくても育つので古くから人気がある。レイアウトする時は後景に植えるとよい。成長が早くよく伸びるのできれいに保つにはトリミングが不可欠である。

シダ・コケ・浮葉

ミクロソリウム・プテロプス
Microsorium pteropus

分類　ウラボシ目ウラボシ科　分布　東南アジア
水質　弱酸性～中性　高さ　10～30cm

水生のシダ植物で、ミクロソリウムといえば一般的に本種を指す。非常に丈夫でCO_2添加をしなくても育つが、高水温に弱い面もある。底砂に植えてもよいが、流木に活着させればレイアウトの変更も簡単に行える。

ウィローモス
Taxiphyllum barbieri

分類　シトネゴケ目サナダゴケ科
分布　世界各地
水質　弱酸性～中性
高さ　10cm未満

水槽のレイアウトに用いられるもっともポピュラーなコケで、近縁の数種をまとめてウィローモスと呼ぶことが多い。釣糸などで流木や石に巻きつけておくと容易に活着する。きれいに見せるためにトリミングを心がけたい。

バナナ・プラント
Nymphoides aquatica

分類　ナス目 ミツガシワ科
分布　北アメリカ
水質　中性
高さ　10～40cm

バナナのような形をした特徴的な茎をもち、ハスのように水面まで葉を伸ばし白い花を咲かせる。水中に葉をとどめたい時は新芽をつみとり、強い光を長時間あてないようにする。株分けはできない。

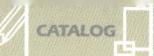

| STUDY | CATALOG | LIVING | CARE | **PLAYING** | DISEASE |

THE 5th PERIOD　熱帯魚との暮らしを楽しもう！

✲ 実際に水草を植えてみよう

観賞魚ショップでお気に入りの水草を選んで持ち帰ったら、さっそく植えていきましょう。とはいっても、いきなり水槽に植えてよいわけではありません。根に巻かれた鉛やウールマットを取り除いたり、全体をよく洗うことでスネイルやプラナリアを取り除くことが必要です。水草は何度も位置を変えているとなかなか根付かないので、初めにしっかりとレイアウトをイメージしておくことも大切です！

① 鉛やウールマットをとる

　観賞魚ショップで水草を買うと、たいてい根元に鉛板やウールマットが巻きつけてあります。これは販売する時に取り扱いやすくしてあるもので水槽内にそのまま植えてしまうと根が上手く育たずに枯れてしまう原因になります。新聞紙やビニール袋を広げて水草を置き、ていねいに全て取り除きましょう。

② 水草を洗う

　鉛やウールをはずした水草を厚めに敷いた新聞紙や浅く広いバットなどに広げて、バケツに水道水をくみます。バケツは水草を洗う時だけでなく、水槽の掃除や魚の臨時水槽にも使えるのでひとつあると重宝します。

　水草はやさしくかつ念入りに洗います。葉の１枚１枚や根の隙間など指先でなでるように洗ってください。その際に枯れかけている葉や余分な部分はハサミなどであらかじめ切っておきましょう。

　しっかり洗った後も水道水の入ったバケツの中につけておけばスネイルやプラナリアなどの厄介者たちの侵入を防ぐことができます。

THE 5th PERIOD　熱帯魚との暮らしを楽しもう!

③ 水草を植える

それでは水草を植えていきましょう。植える時は、必ず水槽に設置しているヒーターなどの器具の電源を切ってからにしてください。

植えるポイントは、しっかり深く植えることです。そのために指でなく、ピンセットで植えることをおすすめします。指で植えようとすると深く差し込んでも指を引き抜く時にどうしても浮き上がって浅くなってしまいます。

さらに植える前に一番下の葉を少し残してハサミで切っておくと、植えた時にストッパーになって、抜けにくくなり、そこから根も生えてきます。

番外編　流木に活着させる

底砂に植える以外にもミクロソリウムやアヌビアス・ナナなど流木に根を生やす水草もあります。流木に活着させれば流木ごと動かせ、簡単にレイアウトも変更できます。

① 洗った水草、流木や石を用意する。

② 水草を取り付ける位置を決める。

③ 目立たない色のビニールタイや糸を用意する。

④ ビニールタイなどで流木に水草の茎部分をしっかりしばりつける。

⑤ 水槽にそっと入れる。

⑥ 数ヶ月すると流木に根が張るのでビニールタイをはずす。（自然に分解して消えていく活着用の糸もある）

AQUARIUM BOOK　Tropical Fish

✲ 水草のメンテナンスをしよう

水槽内の環境がよければ、それだけ水草は成長しどんどん増えていきます。見た目よく、なによりも水槽の掃除などの管理がしやすい状態を保つためには、余分な葉などを切り取りトリミングをしなければなりませんし、逆に育ちにくい種類の水草などの場合は CO_2 や肥料などを添加して育成を促す必要性があります。
ここでは、水草を元気に保つためのメンテナンス方法を紹介します。

水草のトリミング

　水槽内の水草が上手く育ち、常にきれいに見えるように必要のない葉や茎をハサミで切り取って整えることをトリミングといいます。トリミングは水草の種類によって異なります。それぞれの水草の生態を分かった上で適切なトリミングを行いましょう。

ロゼット型は外側からカットする

　ロゼット型は中心から広がるように葉が伸びているので、一番外側の葉が古い葉ということになります。ですからトリミングする時はハサミで外側の葉から切ってボリュームを減らしていきます。

　バリスネアのようにランナーと呼ばれる底砂の上を横に伸びていく茎で増えるものはこまめにランナーを切り取り必要のない子株は取りのぞきます。

有茎型は下を切って上を植える

有茎型は上へ上へと伸びるので、放っておくとすぐ水面に到達してしまいます。この長さを縮めたい時は、一度水草を引き抜きます。そして上から必要な長さを残して下を切り捨て、上だけを再び植えます。逆に上を切って下だけを植えると切った部分から枝分かれして育つので、ボリュームを出したい時は上を切り取ります。

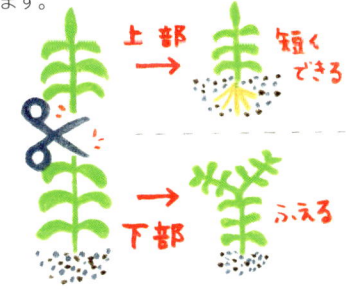

シダ植物は古い葉や根を切り取る

ミクロソリウムなどシダ植物は基本的に成長が遅いので、古くなった葉や形悪く伸びている根などを切り取るだけで十分です。逆に他の水草に光をさえぎられてしまいがちなので他をしっかりトリミングしておくことが大切です。

コケ植物は短髪を維持する

流木や石などに活着させるウィローモスなどのコケ植物は、光がまんべんなくよく当たるように短く刈っておきます。すると密度がだんだん出てきて美しくなります。

水草には二酸化炭素（CO_2）が不可欠!

植物はエサを食べない分、照明の光エネルギーと水中の溶けている二酸化炭素（CO_2）を使って光合成をしています。水中のCO_2濃度は熱帯魚の密度や水流の強さなどによって変わってきます。

水草には、ミクロソリウムやウィローモスのような水中のCO_2濃度が高くなくても育成できるものもありますが、多くの種類がCO_2添加を必要とします。特に水槽内に多く水草を植えたい時は、CO_2を添加しないと全体的に元気がなくなります。

CO_2を添加する専用の器具は、観賞魚ショップで売っているので、その水草に必要かどうか店員さんに相談して購入してください。

水草の育成には肥料を添加する方法も

水草の育成に向いている底砂はソイル系ですが、他の砂利や砂などでも育てることは可能です。

しかしその場合、ソイル系や肥料を添加してある底砂に比べて栄養が不足しがちになるので別に肥料を加えることで補います。肥料には、底砂に混ぜる固形タイプと水に溶かす液体タイプがあり、長期で栄養を与えたいなら固形タイプ、すぐに水草を元気にしたいなら液体タイプと使い分けることができます。

| STUDY | CATALOG | LIVING | CARE | PLAYING | **DISEASE** |

THE 6th PERIOD

熱帯魚の病気を知っておこう

熱帯魚の病気も人間と同じように、早期発見できたほうが治る確率も上がります。事前に熱帯魚の主な病気の症状を知っておけば、異常にも早く気付けて、病気の重症化を防ぐことができます。もちろん、病気にならないように水槽を管理することが一番ですが、日々の観察もかかさないようにしましょう。

★ 熱帯魚の健康チェック

下記によく観察してほしいチェックポイントをあげました。
毎日熱帯魚の様子を観察して、病気の早期発見を心がけてくださいね。

チェック項目	症　状
眼	白っぽく濁っていないか、眼球が飛び出してきていないか
体の表面	白い点などがないか、体に何かついていないか、体色が悪くなってないか、体が曲がってきていないか
口	口のまわりが溶けたようになってないか、呼吸が荒くないか
ヒレ、エラなど	ヒレの端が溶けてきていないか、白っぽくなってきていないか、ヒレをたたんでじっとしていないか
行動	食欲がなくなってきていないか、泳ぎ方がおかしくないか

THE 6th PERIOD　熱帯魚の病気を知っておこう

✚ 熱帯魚がかかりやすい病気

ネオン病

症 状　体の一部が白くぼやけたようになり、フラフラと水面付近を単独で泳ぐようになる病気です。

原 因：カラムナリスという細菌が体内で繁殖し、魚の筋肉組織を破壊していくことで起こります。

治 療：とにかく被害が拡大しないように、発見しだい病気の個体を別の水槽へと移します。できるだけ初期のうちに発見し、「観パラD」や「グリーンFゴールド」などを用いて治療します。

予 防：早期発見を心がけて毎日観察しましょう。

メ モ：小型のカラシンの仲間によく見られる病気で、重症化すると、白くなった部分に出血が見られます。エラについた場合は、体表に何も異常がないまま死亡してしまう危険な病気です。

尾ぐされ病

症 状　尾ビレなどのヒレが溶けて裂けるようになり、水面付近を泳ぐようになる病気です。

原 因：ネオン病と同じく、カラムナリスがヒレに感染し、繁殖することにより起こります。

治 療：感染力が強いので、とにかく別の水槽に隔離し、治療します。できるだけ初期のうちに、「観パラD」や「グリーンFゴールド」などを用いて治療します。

予 防：尾ビレの縁などがぼやけて元気がないように感じたら、すぐ対処するようにします。

メ モ：グッピーによく見られる病気で、短時間で死亡することもあります。初期のうちの発見が重要です。

THE 6th PERIOD　熱帯魚の病気を知っておこう

✚ 熱帯魚がかかりやすい病気

白点病

症状　名前のとおり、ヒレや体に白い点々が付いたようになる病気です。

原　因：イクチオフィチリウス（白点虫）という原生動物繊毛虫が体表に寄生して起こります。

治　療：イクチオフィチリウスは高水温に弱いので早期発見できた場合は、水温を30℃くらいに徐々に上げていき、「ヒコサン」や「ニューグリーンF」で治療します。

予　防：水温の低下や急激な水質の変化などで魚の体力がなくなるとかかりやすくなるので、水をきれいに保ち、季節の変わり目は注意しましょう。

メ　モ：よくある病気で、進行が早くすぐ全身に広がり、エラに付くと衰弱して死亡してしまうことも。

コショウ病（ウーディニウム症）

症状　白点病よりも細かく、薄茶色い点が体表やエラに付着する病気です。病気の魚はヒレをたたみ、体をふるわせるように泳ぎます。

原　因：ウーディニウムという原生動物鞭毛虫が体表やエラに寄生して起こります。

治　療：水温を30℃くらいまで徐々に上げて、「グリーンF」などで治療します。「アクアセーフ」などを水中に入れると、粘膜が保護されて自己回復を助けることができます。

予　防：水質が悪くなると起こりやすい病気なので、水をきれいに保ちましょう。

メ　モ：卵生メダカや小型のコイの仲間によく見られます。伝染しやすいので、発生した水槽の魚はしっかりと薬浴させましょう。

ポップアイ

症状 眼が飛び出たようになる病気です。

原　因：エロモナス・ハイドロフィラという細菌が全身に感染することにより起こります。

治　療：病気の魚を別の水槽に移して「グリーンF」などで治療します。発生した水槽はもちろん病気の魚の水槽もしばらくはこまめに水換えをしましょう。

予　防：水質をきれいに保つことが一番です。水換えだけでなく、ろ過フィルターの掃除も定期的に必ずしましょう。

メ　モ：体力を失うため、他の病気にもかかりやすくなります。また他の病気の末期症状としても起こることがあります。

マツカサ病

症状 ウロコがマツカサのように逆立つ病気です。

原　因：エロモナス・ハイドロフィラがウロコの隙間に感染し、鱗のうというところに水様液がたまることで起こります。

治　療：水換えの頻度をあげるなどして、水質をきれいな状態に保ち、「グリーンFゴールド」や「カンパラD」などで治療します。

予　防：ポップアイと同様、水質悪化によるものがほとんどなので、水質をきれいに保ちましょう。

メ　モ：ポップアイと同様に水質の悪化が主な原因なので、薬を入れる前にも必ず水換えはしておきましょう。

THE 6th PERIOD　熱帯魚の病気を知っておこう

✚ 熱帯魚がかかりやすい病気

穴あき病

症状　はじめはウロコが白くなり、やがてはがれ落ちて、その部分の組織が溶けたように穴があき、どんどん広がっていく病気です。

原　因：エロモナス・サルモニシダという細菌が全身に感染することにより起こります。

治　療：「観パラD」や「グリーンFゴールド」などで治療します。水槽の水を0.3～0.5%の食塩水にすると病気の個体の負担を軽くできます。

予　防：この細菌がやや低めの水温を好むため、秋や春の水温が安定しない時期は注意しましょう。

メ　モ：初期段階では、エサも食べ普通に泳いでいるように見えます。

ミズカビ病

症状　体やヒレなどに白い綿状のミズカビが付着する病気です。

原　因：ケンカや輸送中の事故による傷口などにミズカビ（糸状菌）が繁殖することで起こります。

治　療：大人しい個体の場合、直接ピンセットなどでミズカビを取り除きます。半分くらい水換えをしてから、「ニューグリーンF」や「アグテン」などで治療します。

予　防：ケガや穴あき病などの傷口にミズカビが付くことが多いので、ケガをさせないようにしましょう。

メ　モ：水槽の水を0.3～0.5%の食塩水にすると病気の個体の回復を助けることができます。

治療薬の扱いは要注意

病気じゃないかなと思ったら、すぐ観賞魚ショップの方に相談しましょう。現在、熱帯魚用にさまざまな種類の治療薬が売られていますが、劇薬のものも多く、その扱いには注意と経験が必要です。治療薬を用いる時は、必ず経験豊富なショップの方に薬の使い方を教えてもらいましょう。その時、魚の状態を写真や動画におさめてショップにもっていくとより適切な話を聞くことができると思いますよ。

熱帯魚の病気の対処手順

うちの子、病気じゃないかな？
↓
普通に水換えをする
↓
写真・動画で熱帯魚を撮る
↓
観賞魚ショップに行く
↓
写真・動画を見せて相談する
↓
家に帰って治療する

別れの時・・・

生きものを飼っている限り、別れの時がやってきます。熱帯魚の寿命は種類によって数年から数十年と様々ですが、病気や事故で死んでしまうこともあります。

死んでしまったら、まず一緒に過ごした時間を思い出してください。水槽を買った日から今日までをたどって、エサはちゃんと与えていたか、水換えを忘れなかったか、フタを閉め忘れなかったか、もし飼い方にいたらなかったところがあれば、必ず次に生かせるようにしましょう。

水槽から取り出した亡骸は、法律に従って正しく処分しましょう。公園や道路脇の植え込みなど公共の場所は埋めてはいけない場所です。埋葬したい場合は、自宅の庭かプランターにしましょう。他の動物に掘り出されないように深く埋めてあげてください。埋葬するスペースがない場合は保健所や役所などに問い合わせてみてください。楽しい時間をくれた命に感謝の気持ちをもって弔うことが何より大切だと思います。

アクアリウムブック版
熱帯魚検定【上級編】

いよいよ上級編です！
この本を読みきったあなたに、熱帯魚の詳しい分類から生態、
さらにはバクテリアのことまでを出題します。
この問題に8問以上正解することができたら、あなたも立派な熱帯魚マニアです。
是非、熱帯魚の素晴らしさを身近な人たちに伝えてください！

Q1 魚の体表面に白い点々がつく病気は？

A：白点病　B：ネオン病　C：マツカサ病

Q2 ニトロソモナスがろ過フィルター内でやっていることは？

A：アンモニアを亜硝酸塩に変えている
B：亜硝酸塩を硝酸塩に変えている
C：硝酸塩を亜硝酸塩に変えている

Q3 ライオン・フィッシュが危険を感じるとすることは？

A：グゥーグゥーと鳴く　B：バタバタとたてがみを動かす　C：プゥーっと膨らむ

Aquarium Book License 熱帯魚検定 上級編

Q4 大人のデンキナマズが出せる最大電圧は？
A：約 40V
B：約 400V
C：約 4000V

Q5 レッドソードテールの特徴的な生態は？
A：子供を口の中で育てる
B：子供を産んだ後、性転換する
C：子供に肌から分泌されるミルクを与える

Q6 ラビリンス器官をもつ熱帯魚は？
A：ガラ・ルファ　B：スポッテッド・ガー
C：レインボー・スネークヘッド

Q7 乾いた流木を水槽に入れる時にする作業は？
A：アク抜き
B：におい抜き
C：色抜き

Q8 酸性中性アルカリ性を表す記号は？
A：dH　B：pH　C：qH

Q9 ミドリフグを長期飼育する時に好ましい環境は？
A：淡水
B：汽水
C：海水

Q10 学名に使う二名法とは？
A：属名と科名で表す方法
B：属名と目名で表す方法
C：属名と種小名で表す方法

10問中、8問以上正解なら
ABL公認 熱帯魚検定 上級クラス 認定

【質問の答え】Q1＝A　Q2＝A　Q3＝A　Q4＝B　Q5＝B　Q6＝C　Q7＝A　Q8＝B　Q9＝B　Q10＝C

熱帯魚用語集

A〜Z
- CO_2　二酸化炭素
- GH　総硬度のこと。水中のカルシウムイオンやマグネシウムイオンの濃度を表している。
- KH　炭酸塩硬度のこと。炭酸水素イオンと結合するカルシウムイオンやマグネシウムイオンの濃度を表している。
- NH_3　アンモニア
- NO_2^-　亜硝酸塩
- NO_3^-　硝酸塩
- pH　酸性〜アルカリ性までを数値で表したもの。7.0を中性として数値が低いほど強い酸性、高いほど強いアルカリ性を示す。水中の水素イオン濃度を表す指数。
- sp.　〇〇の一種という意味。

ア
- 赤虫（アカムシ）　熱帯魚のエサとなるユスリカの幼虫。
- 亜種　同種の中で分布域など生息場所の違いによって差がある個体。
- 亜硝酸塩（NO_2^-）　魚の排泄物や食べ残されたエサをバクテリアが分解して発生する有毒物質。
- アルビノ　突然変異によって遺伝子的にメラニン色素を作り出せなくなった個体。全体的に白く眼は赤みを帯びる。
- アンモニア　魚の尿などに含まれる有害物質。
- 生餌（活餌）　生きた状態のエサ。
- ウォーターコンディショナー　水中の塩素や重金属などを除去し、pHやミネラル分を整えて魚によい水質を作る薬品。
- エアストーン　エアポンプの先につけて、空気の泡をつくる用具。
- エアポンプ　水中に空気を送り込む機械。
- 塩素中和剤　水道水に含まれる有害な塩素を無毒化するもの。

カ
- 飼い込む　水質やエサなど飼育している魚に適した条件で飼育を続け、体格や体色をよく育てること。
- 改良品種　同種の野生個体を人工的に掛け合わせることで体色や体形など個性を固定化したもの。
- 活着　コケ植物やシダ植物などの水草を流木や岩に根付かせること。
- カルキ　水道水などに含まれる塩素系の有害物質のこと。
- 帰化　本来生息しない場所へと人の手によって移された生物がその新しい環境に馴染むこと。
- キスゴム　水温計や水槽周辺器具のコードを水槽の壁に固定するための吸盤。
- クリル　オキアミのこと。
- 原種　改良品種のもととなる種。
- 好気性バクテリア　酸素を必要とする細菌。
- 硬水　カルシウムイオンやマグネシウムイオンなどのミネラル分を多く含む水。
- ゴノポジウム　グッピーなどの卵胎生メダカにある交接器（メスの体内に精子を送り込む器官）をかねた尻ビレのこと。
- コミュニティータンク　異なる種類の魚を泳がせている水槽。
- 混泳　同じ水槽内に異なる種類の魚を泳がせること。

サ
- サーモスタット　設定された水温を保つようヒーターをコントロールする機械。
- サンゴ砂　サンゴが死んでできる砂。水質をアルカリ性の硬水にする作用がある。海水魚の飼育によく用いる。
- 産卵箱　産卵用に設ける隔離水槽。底のすき間から卵が下段に落ちるようになっている。
- 重金属　水道水などに含まれる微量の銅・亜鉛・鉛などの金属。
- 硝酸塩（NO_3^-）　バクテリアが亜硝酸から生成する物質。毒性は低いが濃度が高くなるとコケの大量発生などにつながる。
- スクレイパー　水槽の壁面に付いたコケなどの汚れを落とす器具。
- センタープラント　水槽をレイアウトする際に中央あたりに配置するメインとなる水草。
- ソイル　土状の人工底砂のこと。水草の育成などに向いている。

タ
- 立ち上げ　新しく水槽やフィルターをセットすること。
- トリートメント　病気などを持ち込ませないように、新しく迎え入れる魚の体調を別水槽で整えること。

ナ
- 軟水　カルシウムイオンやマグネシウムイオンなどのミネラル分をあまり含まない水。
- ニトロソモナス　水中のアンモニアやアンモニウムイオンを亜硝酸塩に変化させる好気性バクテリア。
- ニトロバクター　水中の亜硝酸塩を硝酸塩に変化させる好気性バクテリア。

ハ
- バクテリア　フィルター内でアンモニアなどの有害物質を分解する細菌類。
- パッキング　魚などを移動させる時に袋詰めにすること。
- 繁殖　交尾産卵させて増やすこと。
- ピートモス（ピート）　湿地帯で植物が堆積して泥炭化したもの。酸性の水質に変える性質がある。
- 比重計　人工海水を作る時に用いる塩分濃度測定器。
- フィンスプレッディング（フィンディスプレイ）　ヒレを大きく広げて見せ合うなどオス同士が行う誇示行動のこと。
- ブラインシュリンプ　稚魚などのエサによく用いるエビに似た小型の甲殻類。
- ブリード　繁殖のこと。
- ペア　同種のオスとメスのこと。
- ベアタンク　底砂や石など何も敷かない水槽のこと。

マ
- マウスブルーダー　ふ化するまでの卵を親魚が口内で守り育てること。

ヤ
- 溶存酸素　水中に溶け込んでいる酸素のこと。

ラ
- ラビリンス器官　空気中から酸素を取り込めるエラの上部の器官。迷路のように入り組んだ構造になっている。上鰓ともいう。
- ランナー　ある種の水草が子株を増やす時に横へと這うように伸ばす茎のこと。

ワ
- ワイルド　野生で生息しているところを採集された個体のこと。

熱帯魚カタログ (P22-63) 索引　　別名も掲載しています！

ア	アーチャーフィッシュ	63	ゴールデン・ハニーグラミー	55	パープルスポッテッド・ガジョン	63
	アーリー	46	ゴールデン・バルブ	32	パール・グラミー	55
	アウロノカラ・ヤコブフレイベルギ	46	ゴールデン・ペンシルフィッシュ	28	パール・ダニオ	34
	アカヒレ	35	**サ** サーペ	25	パピリオクロミス・ラミレジー	45
	アジア・アロワナ	57	サイアミーズ・フライングフォックス	36	パロット・ファイヤー	48
	アストロノータス	48	サカサナマズ	50	パントドン	58
	アナバス	56	シャム・タイガー	62	ピラニア・ナッテリー	30
	アニュレイタス	42	ショートノーズ・クラウンテトラ	29	ファロウェラ	52
	アノマロクロミス・トーマシー	47	シルバー・アロワナ	57	フラワーホーン	48
	アピストグラマ・アガシジィ	45	シルバー・シャーク	36	ブラインドケーブ・カラシン	30
	アフィオセミオン・ガードネリー	43	ジムナーカス	59	ブラック・テトラ	28
	アフリカン・ランプアイ	42	ジュルパリ	47	ブラックネオン・テトラ	25
	アベニー・パファー	61	スカーレット・ジェム	62	ブラック・ピラニア	30
	アベニーフグ	61	スポッテッド・ガー	59	ブラックファントム・テトラ	25
	アリゲーター・ガー	59	スポッテッド・ナイフフィッシュ	58	ブラック・モーリー	40
	アルジーイーター	37	スマトラ	32	ブラック・ルビー	33
	インディアンナイフ	58	スンダダニオ・アクセルロッディ	34	ブルーアイ・ラスボラ	32
	インパイクティス・ケリー	26	セイルフィン・モーリー	40	プラティ	41
	インペリアルゼブラ・プレコ	51	セルフィン・プレコ	51	プリステラ	27
	エクエス・ペンシルフィッシュ	28	ゼブラタイガー・キャット	49	プロトプテルス・ドロイ	59
	エレファントノーズ	57	ゼブラ・ダニオ	33	ヘッドアンドテールライト・テトラ	24
	エンゼル・フィッシュ	44	**タ** タイガー・プレコ	52	ベールフィン・テトラ	26
	エンツユイ	37	タイガー・ホーリー	29	ベタ	54
	オスカー	48	淡水エイ	61	ベックフォルディペンシル	28
	オトシンクルス	52	ダディブルジョリィハチェットバルブ	35	ベトナム・バタフライプレコ	38
	オレンジグリッター・ダニオ	34	ダトニオ	62	ベロネソックス	42
カ	カージナル・テトラ	24	ダニオ・エリスロミクロン	33	ペーシュ・カショーロ	29
	カイヤン	51	チェリー・バルブ	32	ペンギン・テトラ	27
	カメレオン・フィッシュ	62	チャカ・バンカネンシス	50	ボララス・マクラートゥス	31
	ガラ・ルファ	38	テキサスシクリッド	47	ボルネオ・サッカープレコ	38
	キッシング・グーラミィ	56	テッポウオ	63	ポリプテルス・エンドリケリー	59
	キノボリウオ	56	テトラ・オーロ	26	**マ** マーブル・ハチェット	28
	キャリスタス	25	ディスカス	45	ミクロラスボラ・ハナビ	35
	ギャラクシー・ダニオ	35	ディミディオクロミス・コンプレシケプス	46	ミドリフグ	61
	クーリー・ローチ	37	デンキナマズ	53	モトロ・スティングレイ	61
	クラウンキリー	42	トライアングル・ロリカリア	52	**ラ** ライオン・フィッシュ	61
	クラウン・ローチ	37	トランスルーセント・グラスキャット	50	ラスボラ・アクセルロッディ	34
	グッピー	39	ドイツアピスト	45	ラスボラ・エスペイ	31
	グラス・ブラッドフィン	27	ドクターフィッシュ	38	ラスボラ・ヘテロモルファ	31
	グリーン・ネオン	23	ドワーフ・グーラミィ	55	ラミーノーズ・テトラ	24
	グリーンファイヤーテトラ	26	**ナ** ニューギニア・レインボー	60	リーフフィッシュ	62
	グローライト・テトラ	24	ニューゴールド・ネオン	23	レインボー・スネークヘッド	56
	コッピー	35	ネオケラトゥドゥス	58	レインボー・テトラ	27
	コリドラス	53	ネオランプロログス・ブリチャージ	47	レオパード・クテノポマ	56
	コリドラス・アエネウス	53	ネオン・テトラ	23	レオパードダニオ	34
	コリドラス・アエネウス・アルビノ	53	ノソブランキウス・エッゲルシィ	43	レッド・ソードテール	40
	コリドラス・ジュリー	53	**ハ** ハイフィン・ヴァリアタス	42	レッドテール・キャット	49
	コリドラス・ステルバイ	53	バタフライ・バルブ	35	レッドテールブラック・シャーク	36
	コリドラス・バレアタス	53	バタフライ・フィッシュ	58	レッド・ノーズ	33
	コリドラス・パンダ	53	バタフライ・レインボー	60	レッド・ハニーグーラミィ	55
	コンゴ・テトラ	29	バディス・バディス	62	レッドライン・トーピード	33
	ゴールデン・アカヒレ	36	バトラクス・キャット	49	レモン・テトラ	25
	ゴールデンゼブラ・シクリッド	47	バルーン・モーリー	40	ロージー・テトラ	26
	ゴールデン・デルモゲニー	60	バンジョー・キャット	50	ロイヤル・プレコ	51

著 者 九門季里 Kiri Kumon

1978年大阪府東大阪市生まれ。日本獣医畜産大学を卒業後、同大学獣医衛生学教室にて淡水域の環境学を研究。その後、高等学校の教師になるも、デザイン業や音楽活動に転身。自分の道を探す結果再び教師の道へと戻り、現在は東京都で理科教師として中学生や高校生に生物学を教えている。プライベートでは、幼い頃から犬猫をはじめとして淡水魚や両生類、爬虫類などを飼育する他、イラストレーション、写真、作詞作曲、合気道とさまざまなジャンルに通じている。

写 真 水越秀宏 Hidehiro Mitsukoshi

1969年生まれ。観賞魚問屋、小売店、出版社勤務を経て、10代後半より写真家・内山りゅう氏に撮影技術を学ぶ。既刊本として『ビギナーのためのアクアリウムブック 海水魚』『ビギナーのためのアクアリウムブック 金魚』（小社刊）がある。また、『爬虫類・両生類200種図鑑』『海水魚・海の無脊椎動物1000種図鑑』（いずれもピーシーズ）、『熱帯魚の飼い方カラー図鑑』（日本文芸社）『かわいいハムスターの飼い方・育て方』（実業乃日本社）などで活躍している。

ビギナーのためのアクアリウムブック
熱帯魚
ねったいぎょ
飼育をスタートする時に必要な情報が満載！ NDC 666.9

2009年11月30日　発行

著　者　九門季里
発行者　小川雄一
発行所　株式会社誠文堂新光社
　　　　〒113-0033 東京都文京区本郷3-3-11
　　　　（編集）電話 03-5800-3614
　　　　（販売）電話 03-5800-5780
　　　　http://www.seibundo-shinkosha.net/

印刷・製本（株）大丸グラフィックス

©2009 Kiri Kumon/Hidehiro Mitsukoshi
printed in Japan　検印省略
（本書掲載記事の無断転用を禁じます）
落丁・乱丁本はお取り替えいたします。

同〈日本複写権センター委託出版物〉
本書を無断で複写複製（コピー）することは、著作権法上の例外を除き、禁じられています。本書をコピーされる場合は、事前に日本複写権センター（JRRC）の許諾を受けてください。
JRRC〈ホームページ http://www.jrrc.or.jp　e メール info@jrrc.or.jp　電話 03-3401-2382〉

写　真　＊　水越秀宏

アートディレクション　＊　茂手木将人（STUDIO 9）

デザイン　＊　サカイデザイン

イラスト　＊　川岸歩

参考文献　『観賞魚大図鑑』デイヴィッド・オルダートン著，東博司・監修，大塚典子・翻訳（緑書房）／『増補改訂版 熱帯魚決定版大図鑑』森文俊（世界文化社）／『改訂・魚病学概論』小川和夫・室賀清邦（恒星社厚生閣）／『新魚病図鑑』畑井喜司雄（緑書房）／『熱帯魚繁殖大鑑』東博司（緑書房）／『ザ・熱帯魚＆水草1000種図鑑』小林道信（誠文堂新光社）／『ザ・シクリッド』小林道信（誠文堂新光社）／『ザ・ディスカス』中村勝弘・小林道信（誠文堂新光社）

撮影協力　＊　エーハイム ジャパン（株）／オーエフワイサガミ（有）／小倉敦子／アクアデザインアマノ（株）／キョーリン（株）／クロコ（株）／スドー（株）／トリオコーポレーション（株）／プレコーポレーション／神畑養魚（株）／クリオン（株）／ジェックス（株）／水作（株）／テトラジャパン（株）／ナプコ・リミテッド（ジャパン）／宝来屋（有）／ドッグイヤー（有）／ベルテックジャパン／レイクワン　（50音順敬称略）

ISBN978-4-416-70917-7